新世纪应用型高等教育
新世纪 计算机类课程规划教材

程序与算法基础实践教程

CHENGXU YU SUANFA JICHU SHIJIAN JIAOCHENG

主　编　李文彬　陶跃进
副主编　甘　靖　蒋军强　吴岳芬
　　　　杨　勃　潘　理

U0245179

大连理工大学出版社

图书在版编目(CIP)数据

程序与算法基础实践教程 / 李文彬,陶跃进主编
. - 大连 : 大连理工大学出版社,2021.9(2023.7 重印)
新世纪应用型高等教育计算机类课程规划教材
ISBN 978-7-5685-3121-4

Ⅰ. ①程… Ⅱ. ①李… ②陶… Ⅲ. ①程序设计-高
等学校-教材 Ⅳ. ①TP311.1

中国版本图书馆 CIP 数据核字(2021)第 150296 号

大连理工大学出版社出版
地址:大连市软件园路 80 号   邮政编码:116023
发行:0411-84708842   邮购:0411-84708943   传真:0411-84701466
E-mail:dutp@dutp.cn   URL:https://www.dutp.cn
大连永发彩色广告印刷有限公司印刷   大连理工大学出版社发行

幅面尺寸:185mm×260mm   印张:16.25   字数:389 千字
2021 年 9 月第 1 版   2023 年 7 月第 3 次印刷

责任编辑:王晓历   责任校对:李明轩
封面设计:对岸书影

ISBN 978-7-5685-3121-4   定 价:45.00 元

前　言

为主动应对新一轮科技革命和产业变革,加快培养新兴领域工程科技人才,改造升级传统工科专业,主动布局未来战略必争领域人才培养,教育部2018年首批认定612个新工科研究与实践项目,探索建立"新工科"建设的新理念、新标准、新模式、新方法、新技术、新文化。2019年,教育部多次召开专题交流会推进新工科再深化,成立"全国新工科教育创新中心",探索形成中国特色、世界水平的新工科教育体系,打造世界工程创新中心和人才高地。

新工科建设中,相对于传统的工科人才,未来新兴产业和新经济需要的是实践能力强、创新能力强、具备国际竞争力的高素质复合型"新工科"人才,程序设计语言、数据结构和算法设计与分析是计算机以及其他ICT新工科专业的主干核心课程,在相关专业的课程体系中是有先修与后续关系的密切相关的三门课程。在这三门课程的教学过程中,实践教学处于极其重要的地位,需要大力培养学生的动手实践能力。

为此,编者编写了《程序与算法基础实践教程》教材,在编写的过程中,主要突出如下特点:

(1)将三门课程的实践内容整合在一本教材中,体现了它们之间前后相继的逻辑关系,实现了三门课程的实践环节共用一本教材。以本教材作为范本,学生在完成程序设计语言实践项目后,甚至可以直接进入数据结构与算法的自主实践学习。

(2)本教材编选的实验项目难度由浅入深,学生能在小梯度的学习中逐步提升,最终能够综合运用数据结构和算法的知识完成较大的综合项目。

(3)在本教材的编写过程中,注意与程序设计的ACM、NOI等几大赛事相结合,在行文风格及上机实践模式上尽量与竞赛形式接近,以便让学生在平时的实践中熟悉竞赛模式,有助于在平时的教学中培养和发现竞赛人才。同时,还提供了配套的在线评测网站供学生、教师使用。

新世纪

（4）本教材编选的实践项目既注重代表性又注重数量，每个章节设有课内实验，还有一定数量的拓展实验；在解题方法上注意一题多解，以求打开学生的思路，开拓思维。

全书共分为三篇，第1篇从实验1到实验11，涵盖了C语言程序设计的基本内容及实践操作；第2篇从实验12到实验21，涵盖了数据结构与算法设计的基本内容，包括顺序表、队列、栈、并查集和分治，以及贪心算法、动态规划、回溯算法、分支限界算法、广度和深度优先的实践操作；第3篇是7个综合实践项目，书后附有综合实践项目报告的模板，供教学参考。

本教材第1篇程序设计基础共24学时，第2篇数据结构与算法设计实验共36学时，第3篇综合项目共24学时，教师可根据实际情况，对实践内容进行取舍或补充。

本教材由湖南理工学院李文彬、陶跃进任主编，湖南理工学院甘靖、蒋军强、吴岳芬、杨勃、潘理任副主编。具体编写分工如下：第1篇程序设计基础由李文彬、蒋军强和吴岳芬编写，配套的在线评测平台由李文彬、杨勃共同开发；第2篇数据结构与算法设计实验由陶跃进、甘靖编写；第3篇综合项目由陶跃进、潘理编写。全书由李文彬、陶跃进统稿并定稿。

本教材可作为各类高等工科院校计算机及电子信息相关专业的实践教材，也可作为非电子信息专业相关课程的上机实践参考书，同时也为教师配置了在线评测网站（www.51cpc.com）提供源代码和题库，方便教师进行实验教学管理。

在编写本教材的过程中，编者参考、引用和改编了国内外出版物中的相关资料以及网络资源，在此表示深深的谢意！相关著作权人看到本教材后，请与出版社联系，出版社将按照相关法律的规定支付稿酬。

限于水平，书中仍有疏漏和不妥之处，敬请专家和读者批评指正，以使教材日臻完善。

编　者

2021年9月

所有意见和建议请发往：dutpbk@163.com

欢迎访问高教数字化服务平台：https://www.dutp.cn/hep/

联系电话：0411-84708445　84708462

目　录

第 1 篇　程序设计基础

实验 1　开发环境搭建与实验平台的使用 ……… 3
1.1　实验目的 ……………… 3
1.2　开发环境 ……………… 3
1.3　在线测试平台(G12-OJ) ……… 8
1.4　实例分析 ……………… 16
1.5　上机实验 ……………… 17

实验 2　基本数据类型及常用数学函数的使用 ……… 19
2.1　实验目的 ……………… 19
2.2　实例分析 ……………… 19
2.3　相关拓展 ……………… 23

实验 3　分支结构——简单计算器 1 … 26
3.1　实验目的 ……………… 26
3.2　实例分析 ……………… 26
3.3　相关拓展 ……………… 31

实验 4　循环结构——简单计算器 2 … 35
4.1　实验目的 ……………… 35
4.2　实例分析 ……………… 35
4.3　相关拓展 ……………… 37

实验 5　一维数组——成绩统计分析 … 41
5.1　实验目的 ……………… 41
5.2　实例分析 ……………… 41
5.3　相关拓展 ……………… 45

实验 6　二维数组——五子棋盘的表示 … 49
6.1　实验目的 ……………… 49
6.2　实例分析 ……………… 49
6.3　相关拓展 ……………… 52

实验 7　数组应用——五子棋游戏 … 55
7.1　实验目的 ……………… 55
7.2　实例分析 ……………… 55
7.3　相关拓展 ……………… 61

实验 8　字符串——单词个数 … 63
8.1　实验目的 ……………… 63
8.2　实例分析 ……………… 63
8.3　相关拓展 ……………… 67

实验 9　函　数 ……………… 69
9.1　实验目的 ……………… 69
9.2　实例分析 ……………… 69
9.3　相关拓展 ……………… 73

实验 10　结构体——成绩分析系统 …… 75
10.1　实验目的 ……………… 75
10.2　实例分析 ……………… 75
10.3　相关拓展 ……………… 83

实验 11　文　件 ……………… 85
11.1　实验目的 ……………… 85
11.2　实例分析 ……………… 85
11.3　相关拓展 ……………… 88

第 2 篇　数据结构与算法设计实验

实验 12　顺序表 ……………… 91
12.1　实验目的 ……………… 91
12.2　实例分析 ……………… 91
12.3　相关拓展 ……………… 102

实验 13　队　列 ……………… 107
13.1　实验目的 ……………… 107
13.2　实例分析 ……………… 107
13.3　相关拓展 ……………… 110

实验 14 栈——五子棋复盘与悔棋 … 113
  14.1 实验目的 ………………… 113
  14.2 实例分析 ………………… 113
  14.3 相关拓展 ………………… 126

实验 15 并查集 ………………… 130
  15.1 实验目的 ………………… 130
  15.2 实例分析 ………………… 130
  15.3 相关拓展 ………………… 141

实验 16 排序——分治 ………… 148
  16.1 实验目的 ………………… 148
  16.2 实例分析 ………………… 148
  16.3 相关拓展 ………………… 161

实验 17 最小生成树——贪心算法 … 166
  17.1 实验目的 ………………… 166
  17.2 实例分析 ………………… 166
  17.3 相关拓展 ………………… 194

实验 18 最短路径——动态规划 …… 200
  18.1 实验目的 ………………… 200
  18.2 实例分析 ………………… 200
  18.3 相关拓展 ………………… 203

实验 19 回溯算法——树的相关知识 … 208
  19.1 实验目的 ………………… 208
  19.2 实例分析 ………………… 208
  19.3 相关拓展 ………………… 213

实验 20 分支限界算法 ………… 217
  20.1 实验目的 ………………… 217
  20.2 实例分析 ………………… 217
  20.3 相关拓展 ………………… 227

实验 21 广度和深度优先 ……… 231
  21.1 实验目的 ………………… 231
  21.2 实例分析 ………………… 231
  21.3 相关拓展 ………………… 237

第3篇 综合项目

项目 1 通用计算器设计 ………… 245
项目 2 全功能五子棋游戏设计 ……… 246
项目 3 十五谜数字游戏 ………… 248
项目 4 数独游戏 ………………… 249
项目 5 电话本 …………………… 250
项目 6 航空客运订票系统 ……… 251
项目 7 经典问题一题多解 ……… 252

参考文献 ……………………………………………………… 253
附 录 ………………………………………………………… 254

第1篇

程序设计基础

开发环境搭建与实验平台的使用

1.1 实验目的

1.了解程序运行环境；

2.了解 C 语言程序的基本框架，能够编写简单 C 语言程序；

3.了解实验与测试平台；

4.掌握程序语法错误检查方法；

5.完成本章实例，了解调试过程中出现的基本错误及解决办法；

6.通过编写 C 语言简单程序，培养学生具备程序设计的初步编程能力。

1.2 开发环境

编写 C 语言程序的软件有很多，如 VS 2010、Dev C++和 Codeblocks 等集成开发环境。本教材主要采用 Dev C++集成开发环境。

1.2.1 Dev C++集成开发环境

1.Dev C++的安装

首先在 Dev C++官网下载安装包，双击打开安装包后，单击"OK"按钮（图 1），在弹出的对话框中单击"I Agree"按钮（图 2）。

图 1 Dev C++安装－1

在 Choose Components 对话框中选择需要下载的组件（按默认选择即可），单击"Next"按钮进入下一步（图 3）。

选择安装的路径（图 4），默认路径是 C:\Program Files (x86)\Dev-Cpp，也可以改变安装路径（一般来说，若 C 盘为固态硬盘，则推荐安装在 C 盘，这样可以提升程序编译运行的效率）。

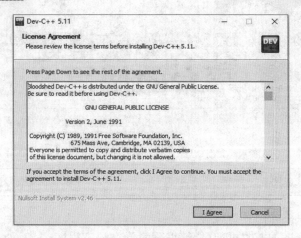

图 2　Dev C++安装-2

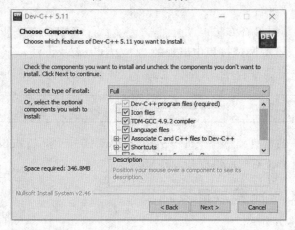

图 3　Dev C++安装-3

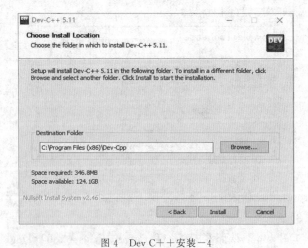

图 4　Dev C++安装-4

单击"Install"按钮后,进入安装步骤,静待完成即可(图 5)。

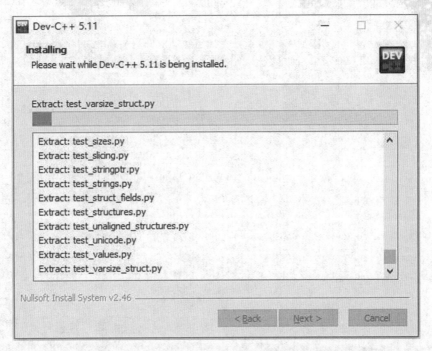

图 5　Dev C++安装-5

2.Dev C++的使用

打开 Dev C++软件,在菜单栏中选择"文件→新建源代码"(或者使用组合键 Ctrl+N),便可以进行程序的编辑(图 6、图 7)。

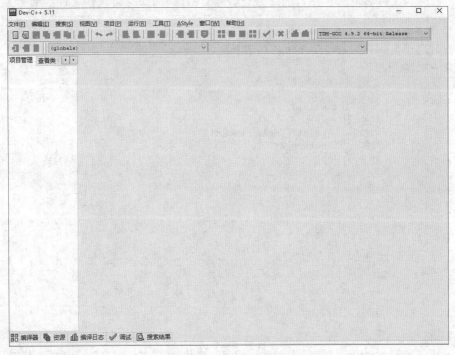

图 6　Dev C++的使用-1

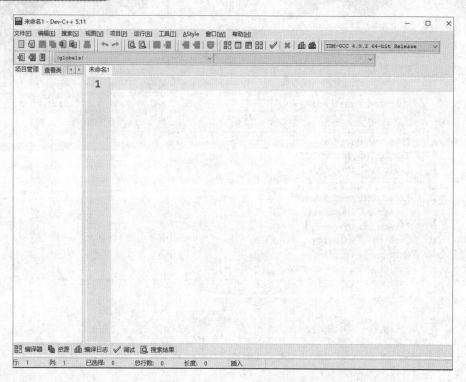

图 7　Dev C++的使用—2

　　将编辑好的 C 语言程序(图 8)进行保存(图 9),一般来说,建立一个文件夹来保存所有的 C 语言程序,文件名取决于题目的序号或者题目的内容,保存时默认文件后缀为.cpp。

图 8　Dev C++的使用—3

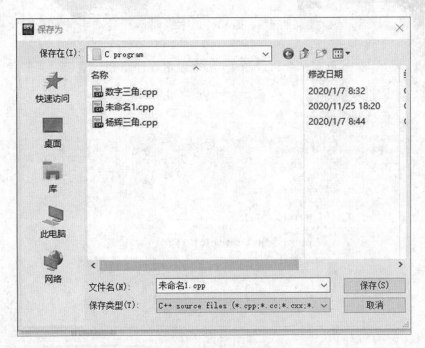

图 9　Dev C++的使用—4

保存完成后,就可以进行程序的编译、链接和执行。首先单击菜单栏中的"运行"选项,选择"编译"(快捷键 F9),然后选择"运行"(快捷键 F10),也可以直接选择"编译运行"(快捷键 F11)来查看程序的结果(图 10);还可以通过导航栏中对应的导航按钮进行编译运行。

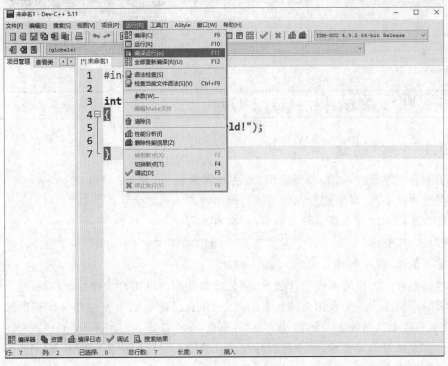

图 10　Dev C++的使用—5

通过编译运行后,运行结果将会在该 cpp 文件编译运行后产生的可执行文件中显示(图 11)。

如图 11 所示,左下角有一个编译结果,用来显示程序出错信息和结果有无错误(Errors)和警告(Warnings)。

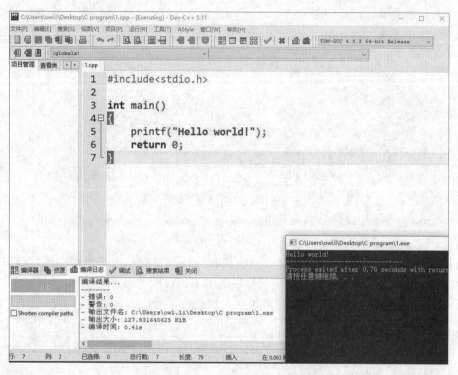

图 11　Dev C++的使用－5

1.3　在线测试平台(G12-OJ)

1.3.1　平台简介

为了配合程序设计基础、数据结构、算法等课程教学,编者提供了 G12-OJ(G12 Online Judge)在线测试平台,可向编者索要网站源程序进行本地配置。G12-OJ 是根据国内流行的程序设计竞赛所用的评判系统建设而成的,具有在线提交与评判、实时分析等功能,同时为方便课程教学与管理,开发了许多课程管理方面的功能,使得 C 语言等程序设计类课程的实践教学规范化、模块化成为可能。

平台上包含了大量的程序设计题目,都是按照课程进度进行设置的,以确保学习的系统性和知识的完整性。学生根据老师布置的任务,在自己的电脑上完成相关代码的编译和调试,提交给 G12-OJ,系统自动评判,反馈相关信息,学生获得实时结果,同时也减轻了老师的工作量。在完成规定实验后,学生可以根据个人的能力完成相关拓展练习,以增强学生的自主学习与探索能力。

1.3.2　学生用户指南

1.系统注册与登录

打开 G12-OJ 官方网站,单击右上角的"注册"按钮(图 12),学生自行注册(图 13),填写注册信息的过程中务必按提示要求填写,登录系统。为了教师教学管理,用户名采用学号,班级选择用户所在班级,填写真实姓名,如果没有按要求填写,就无法统计用户本人的平时成绩或期末成绩。若填写错误,请联系老师在后台修改。

图 12　G12-OJ 官方网站首页

图 13　学生用户注册

2.基本功能

(1)在线练习

在首页菜单栏中选择"问题"可以进入题库页面,用户可以在此页面选择自己想要做的题目(图14),通过单击题目名称可以查看题目并进行做题练习(图15)。

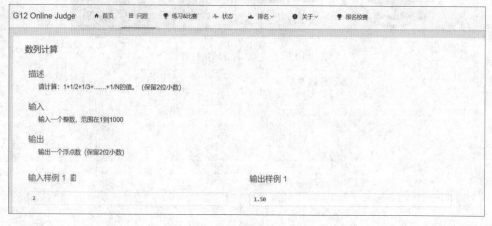

图 14　题库

图 15　题目描述

当用户在本地编译和调试完成后,选择程序语言并粘贴代码,单击"提交"按钮(图16),就可以看到实时评测结果。

图 16　题目提交

平台常见的提示信息有：

等待评分 & 正在评分：您的解答将很快被测评，请等待结果。

编译失败：无法编译您的源代码，单击链接查看编译器的输出。

答案正确：您的解题方法是正确的。

答案错误：您的程序输出结果与判题程序的答案不符。

运行时错误：您的程序异常终止，可能的原因是某程序段错误，被零除或用非零的代码退出程序。

运行超时：您的程序使用的 CPU 时间已超出限制。

内存超限：程序实际使用的内存已超出限制。

系统错误：糟糕，判题程序出了问题。请报告给管理员。

（2）信息查询

在状态页面，用户可以看见自己当前提交的题目的状态，以及程序运行的时间及相关信息（图 17）。

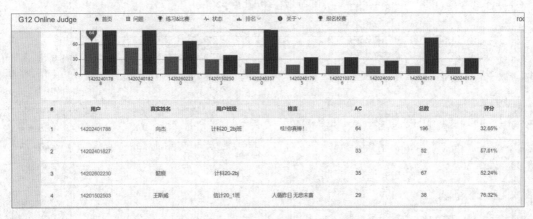

图 17　状态页面信息

在排名页面，用户可以查看个人排名信息（图 18）。

图 18　个人排名信息

（3）课程实验

在主页单击"练习 & 比赛"选项后会进入练习 & 比赛页面，在此页面会显示已经做过或即将进行的实验,单击对应的练习 & 比赛名称(图 19)即可进入测试环节,进入后单击右侧栏目中的"题目"进行查看(图 20),完成练习、实验或测试。学生用户完成实验或测试题目后,老师可以直接看到测试结果,单击"题目"就可以查看题目完成情况(图 21),便于老师把控学生的学习状态,单击"排名"就可以看到每一个学生的实际情况(图 22)。

图 19 练习 & 比赛－1

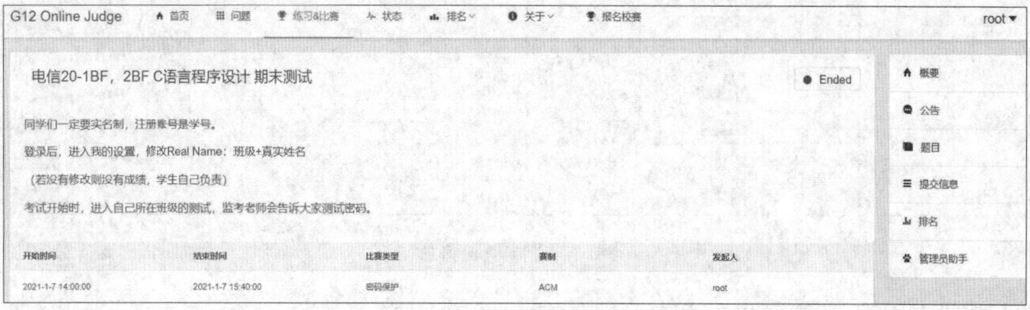

图 20 练习 & 比赛－2

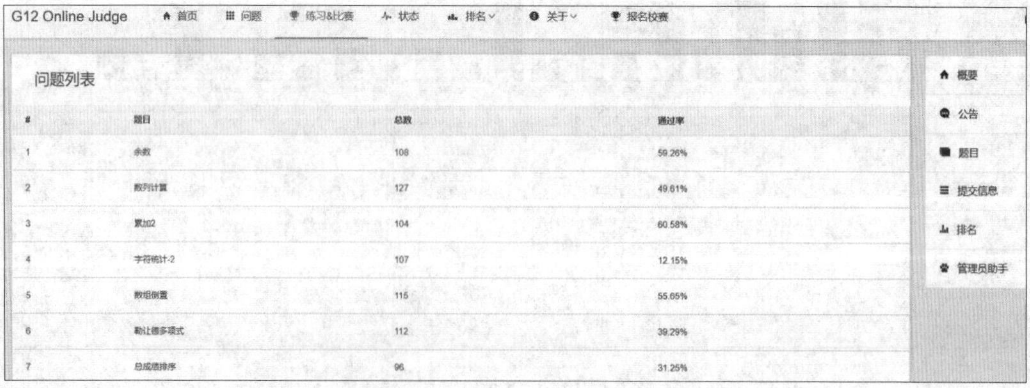

图 21 练习 & 比赛结果－1

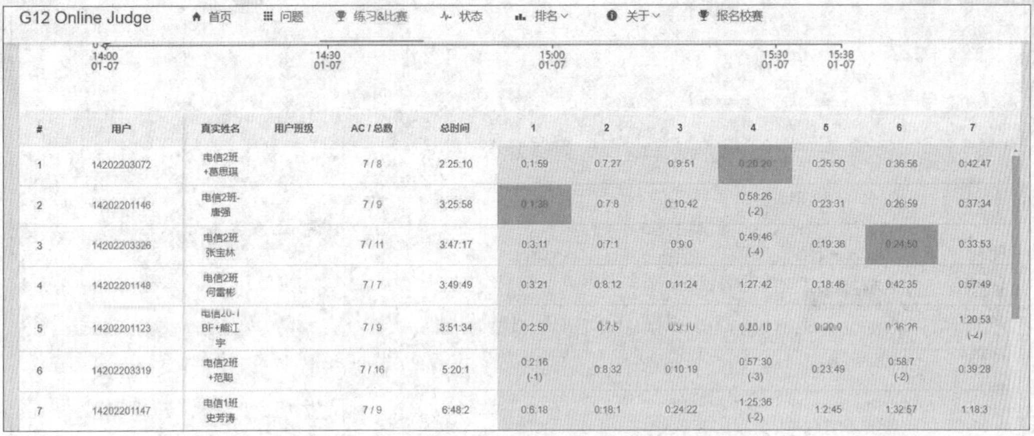

图 22　练习 & 比赛结果－2

1.3.3　教师管理指南

1.后台管理的常用设置

老师首先注册账号,然后发电子邮件至 wenbin_lii@163.com 申请管理员权限,成功登录后,单击右上角的用户名,选择"后台管理"选项进入后台(图 23)。

图 23　后台管理

进入后台管理后,左侧的导航栏包括:用户管理、班级管理、校赛管理、公告管理等。用户管理包含三个功能:①修改注册用户信息;②导入准备好的用户账号;③按照一定规则生成用户账号(图 24)。

班级管理(图 25)的主要功能:①按照班级查询班级学生做题情况;②添加班级(学生的真实班级只能由后台添加)。

2.题目管理

(1)问题列表

用户登录后台管理后,选择"问题→问题列表"(图 26)可以查询问题,也可以修改、删除和下载测试数据。

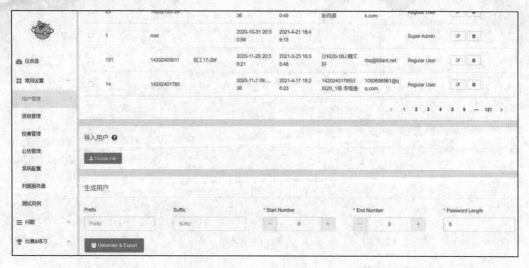

图 24　用户管理

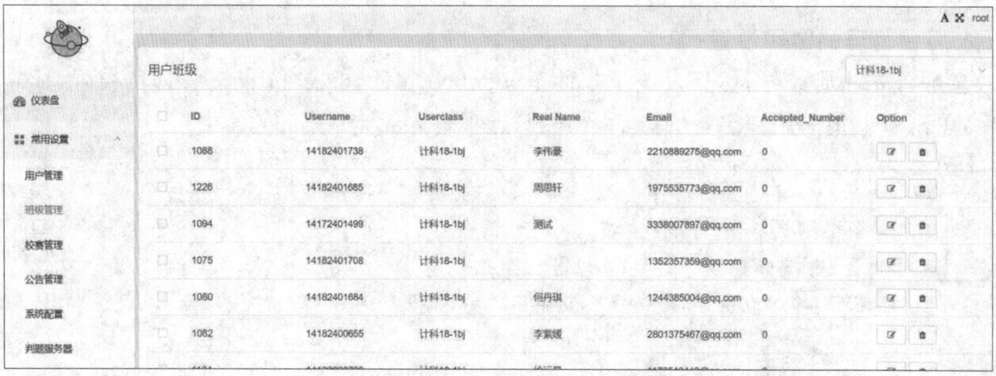

图 25　班级管理

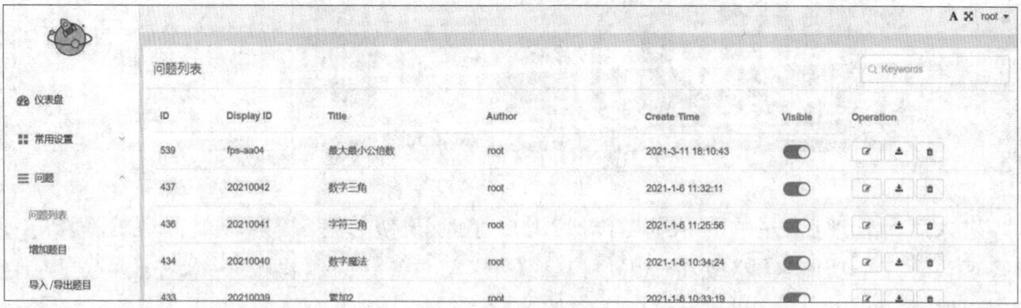

图 26　问题列表

（2）增加题目

用户登录后台管理后，选择"问题→增加题目"（图 27）可以增加问题，填写题目信息，上传测试数据，单击"保存"就完成了题目的增加（注意：建议将数据压缩为 zip 格式后上传，当然也可以逐个上传；测试数据格式，输入文件为".in"后缀，输出文件为".out"或".ans"后缀，输入、输出文件名要一一对应）。完成题目增加以后，进入问题列表进行题目公开，此题目就可以让所有用户看到并进行测试。

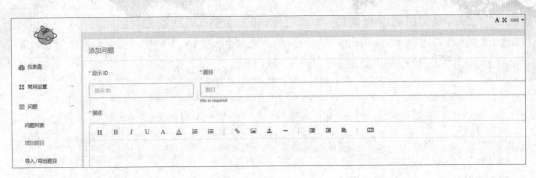

图 27 增加题目

（2）导入/导出题目

选择"问题→导入/导出题目"（图 28），选择题目就可以导出题目信息，或者按照特定的格式导入题目。

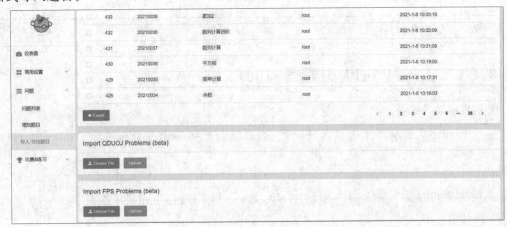

图 28 导入/导出题目

3.比赛 & 练习管理

（1）创建比赛 & 练习

管理员用户可以创建、编辑、删除比赛 & 练习；在左侧列表处单击"比赛 & 练习→创建比赛"（图 29），即可创建新的比赛 & 练习，依次填入标题、描述、开始或结束时间等，最后单击"保存"按钮，比赛 & 练习创建成功。

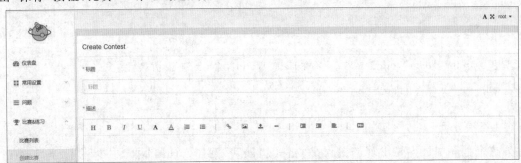

图 29 创建比赛 & 练习

比赛 & 练习创建完成后，单击"比赛列表"，新创建的比赛 & 练习就在列表中显示，右侧有 4 个按钮,分别代表编辑题目、添加题目、添加公告、下载数据(图 30)。单击"添加题目"就可对创建的比赛 & 练习分配系统题目。完成后,单击"Visible"按钮,该比赛 & 练习就可以被其他用户看到并进行测试。

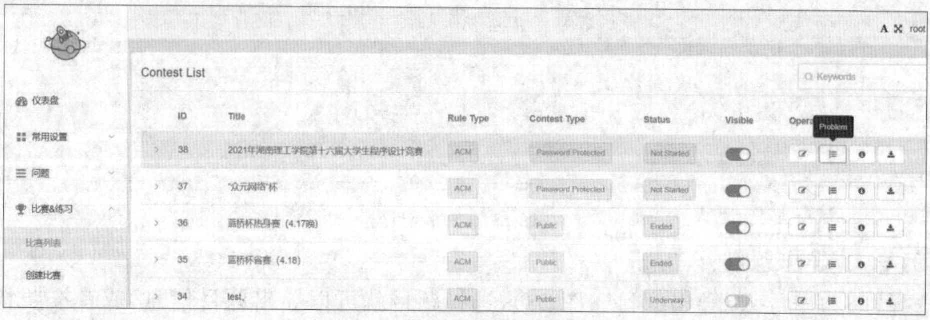

图 30　管理比赛 & 练习

1.4　实例分析

1.4.1　Hello World！(题号:1001)

1.题目描述

这个程序不需要从输入中读入任何数据,只需向屏幕输出一个字符串"Hello World!"即可。

Output

向屏幕输出"Hello World!"这个字符串,最后一个字符输出完毕后换行。

Simple Output

Hello World!

2.题目分析

本题是一个入门题,主要考查同学们对程序框架及流程的掌握情况,掌握 main() 函数和 printf() 函数的正确使用方法。

3.参考程序

```
#include<stdio.h>
int main()
{
    printf("Hello World! \n");  //将 Hello World! 输出到屏幕,并换行
    return 0;
}
```

4.错误分析

这个程序中最容易出现的错误是"格式错误"。例如,printf 语句中少写了"\n",经过 G12-OJ 系统判断后提示"格式错误"。这是由于 G12-OJ 系统的评判标准是预设的,如果输出数据和预设的测试数据不一致,就不算完全正确。见到此类提示,只要用户细心检查输入、输出格式就好。

1.4.2　简单 A＋B（题号：1002）

1.题目描述

从键盘上输入任意 2 个整数 A、B,计算并输出 A＋B 的值。

Input

从键盘输入 2 个整数 A、B。

Output

输出 A＋B 的和,输出后换行。

Sample Input

－5 8

Sample Output

3

2.题目分析

本题主要考查学生对变量的认识,掌握 scanf( )函数和 printf( )函数的正确使用方法。提交过程中要注意 G12-OJ 系统对本题的格式要求。

3.参考程序

```
#include<stdio.h>
int main( )
{
    int A, B;                  //定义 2 个整型变量 A 和 B
    scanf("%d%d",&A,&B);       //从键盘上输入 2 个整数,分别对 A 和 B 赋值
    printf("%d\n", A+B);       //输出 A＋B 的和,并换行
    return 0;
}
```

4.错误分析

(1)本地编译错误,这需要认真学习 scanf( )函数和 printf( )函数的正确使用方法。

(2)格式错误,注意 printf 语句中的空格与换行,不要写成 printf(" %d \n", A+B)。

(3)答案错误,注意输入语句不要加多余的文字,如输入时不要加提示语句,printf("Input A&B:"); scanf("%d%d",&A,&B); 这里提示语句 printf("Input A&B:");是多余的,在 Sample Input 中并没有。输出也不要加显示信息,如输出语句 printf("sum = %d\n", A+B);中"sum = "是多余显示。用户要严格按照 Sample Input 和 Sample Output 格式编写程序,仔细看样例非常重要。

1.5　上机实验

1.5.1　字符正方形（题号：1003）

1.题目描述

从键盘上输入 1 个字符,用它构造一个边长是 3 个字符的正方形。

Input

输入只有一行,仅包含一个字符。

Output

输出一个边长是 3 个字符的正方形。

Sample Input

♯

Sample Output

♯♯♯

♯♯♯

♯♯♯

1.5.2　整齐排列(题号:1004)

从键盘上输入 3 个整数,按照每个整数占 8 个字符的宽度计算,将这 3 个整数以右对齐的方式输出。

Input

输入只有一行,包含 3 个整数,整数之间用空格隔开。

Output

按格式要求输出 3 行。

Sample Input

12345678 1 20

Sample Output

12345678

　　　　　　　1

　　　　　　20

1.5.3　长方形面积(题号:1005)

从键盘上输入长方形的边长 A 和 B,计算长方形面积并输出。

Input

输入只有一行,包含 2 个整数,整数之间用空格隔开。

Output

计算长方形面积并输出,输出后换行。

Sample Input

2 5

Sample Output

10

思考:如果计算圆的面积,数据类型如何定义?(题号:1007)

实验2 基本数据类型及常用数学函数的使用

2.1 实验目的

1. 掌握基本数据类型 int、float(double)和 char 的使用；

2. 掌握基本算术运算的使用；

3. 了解常用数学库函数的使用；

4. 通过学习顺序程序设计,培养学生用程序解决简单数学问题的能力。

5. 通过学习 C 语言的数据描述与基本操作知识,培养学生程序设计的初步编程能力。

2.2 实例分析

2.2.1 虚数求和(题号:1006)

1.题目描述

从键盘上分别输入 2 个虚数 $A(x_a + y_a i)$ 和 $B(x_b + y_b i)$ 的实部和虚部,计算它们的和,并输出。

Input

输入 2 行；

第 1 行是虚数 A 的实部和虚部,即 $x_a, y_a i$；

第 2 行是虚数 B 的实部和虚部,即 $x_b, y_b i$。

$-10\ 000 <= x_a, y_a, x_b, y_b <= 10\ 000$

Output

按格式要求输出 A+B 的和,输出后换行(实部和虚部保留 2 位小数,中间用空格隔开,虚部后面有字母 i)。

Sample Input

1 1

1 2

Sample Output

2.00 3.00i

2.题目分析

本题是一个虚数求和问题,思路较简单,但题目对数据和输出有格式要求,因此在定义和输出时就要考虑全面。

3.参考程序

```c
#include<stdio.h>
int main( )
{
    float xa，ya,xb,yb;                       //定义 4 个变量
    scanf("%f%f%f%f"，&xa，&ya，&xb，&yb);    //从键盘上输入 4 个数
    printf("%.2f   %.2fi\n"，xa+ya,xb+yb);    //输出 A+B 的和,并换行
    return 0;
}
```

4.错误分析

(1)数据类型定义出错；

(2)区分 scanf( )函数中"%d"和"%f"的用法；

(3)double 和 float 混用；

(4)输出格式问题。

2.2.2　圆的面积(题号:1007)

1.题目描述

从键盘上输入圆的半径,计算圆的面积并输出。

Input

从键盘输入圆的半径——实数 r。

Output

按格式要求输出圆的面积(保留 2 位小数),输出后换行。

Sample Input

1

Sample Output

3.14

2.题目分析

本题是一个求圆的面积的问题,思路较简单,但是将数学公式转化为 C 语言程序时,还需要注意书写问题,例如本题中平方的表达方式。

3.参考程序

```c
#include<stdio.h>
#define PI 3.14                //定义宏常量 PI
int main( )
{
    float r,s;                 //定义 2 个实数变量,即半径 r 和面积 s
    scanf("%f"，&r);           //从键盘上输入 1 个实数,赋值给 r
    s = PI * r * r;            //计算圆的面积
    printf("%.2f\n",s);        //按格式输出面积 s 并换行
    return 0;
}
```

4.错误分析

主要是平方的表达方式。例如,s = PI * r * r;写成了 s = PI r r;或者 s = PI r2 都是错误的。

2.2.3 斜率计算 1(题号:1008)

1.题目描述

从键盘上输入直角坐标系中两点坐标 A(xa,ya)和 B(xb,yb),计算经过 A、B 两点的直线斜率并输出(斜率存在,即 xa!-xb)。

Input

输入 2 行;

第 1 行是 2 个实数 xa,ya,即 A 点坐标;

第 2 行是 2 个实数 xb,yb,即 B 点坐标。

-10 000<=xa,ya,xb,yb<=10 000

Output

按格式要求输出直线斜率,输出后换行(保留 2 位小数)。

Sample Input

1 1

2 2

Sample Output

1.00

2.题目分析

本题是一个求直线斜率问题,在仅考虑斜率一定存在的情况下,思路较简单。但是将数学公式转化为 C 语言程序时,还需要注意书写问题。例如,当本题中除号"/"两边都是整数时,容易造成计算结果问题。

3.参考程序

```
#include<stdio.h>
int main( )
{
    float xa,ya,xb,yb;                    //定义 4 个实数变量
    float k;                              //定义斜率 k
    scanf("%f%f%f%f", &xa, &ya, &xb, &yb);//从键盘上输入 4 个数
    k = (yb-ya)/ (xh-xa);                 //计算斜率
    printf("%.2f\n", k);                  //输出斜率并换行
    return 0;
}
```

4.错误分析

(1)变量类型定义错误;如定义坐标变量时写成 int xa,ya,xb,yb;那么在计算斜率 k

时,可能会引起结果错误。同学们测试并对比一下,1/2 在数学上和在 C 语言中的结果有何不同。

(2)计算 k 时如果忘记加括号,就会引起结果错误。

思考:当斜率不存在时,如何处理。

2.2.4 直线长度(题号:1009)

1.题目描述

从键盘上输入直角坐标系中两点坐标 A(xa,ya)和 B(xb,yb),计算直线 AB 的长度并输出。

Input

输入 2 行;

第 1 行是 2 个实数 xa,ya,即 A 点坐标;

第 2 行是 2 个实数 xb,yb,即 B 点坐标。

$-10\,000<=xa,ya,xb,yb<=10\,000$

Output

按格式要求输出直线长度,输出后换行(保留 2 位小数)。

Sample Input

1 1

1 2

Sample Output

1.00

2.题目分析

本题是一个简单的数学题,两点间的距离公式为 $d=\sqrt{(x1-x2)^2+(y1-y2)^2}$,在公式中用到了开平方操作。这里,需要应用到 C 语言提供的数学库函数 sqrt(),在使用这个函数之前,需要加上一个头文件 math.h。

3.参考程序

```
#include<stdio.h>
#include<math.h>
int main( )
{
    float xa,ya,xb,yb;                          //定义 4 个实数变量
    float d;                                    //定义直线长度 d
    scanf("%f%f%f%f", &xa, &ya, &xb, &yb);      //从键盘上输入 4 个数
    d = sqrt( (xa-xb) * (xa-xb) + (ya-yb) * (ya-yb));   //计算直线长度 d
    printf("%.2f\n", d);                        //输出 d 并换行
    return 0;
}
```

4.错误分析

(1)变量类型定义错误;本题中所有变量都应该是 float 或 double 类型;

(2)计算 d 时忘记写乘号,写成了 d = sqrt((xa−xb)(xa−xb)+(ya−yb)(ya−yb));。

2.3 相关拓展

2.3.1 绝对值求和(题号:1010)

从键盘上输入任意 2 个实数 A、B,计算并输出它们的绝对值之和。

Input

从键盘上输入 2 个实数 A、B。

Output

输出|A|+|B|的和(保留 1 位小数),输出后换行。

Sample Input

−5 8.5

Sample Output

13.5

注意:在 math.h 中,绝对值函数是 fabs()。

2.3.2 三角函数值(题号:1011)

从键盘上输入角 alpha 的度数(−360 度到 360 度),并计算和输出正弦值和余弦值。

Input

从键盘输入 alpha 的度数。

Output

输出正弦值和余弦值(保留 2 位小数),输出后换行。

Sample Input

90

Sample Output

1.00

0.00

注意:在 math.h 中,正弦函数和余弦函数分别是 sin()和 cos(),PI 取 3.1415926,sin(x)中的 x 表示的是弧度,因此输入的度数要转化为弧度再求值。

2.3.3 期末成绩(题号:1012)

"C 语言程序设计"课程的期末总成绩＝平时成绩＊20％＋实验成绩＊30％＋期末上机测试成绩＊50％。现在,Fox 看到了他的成绩记录,请帮助他计算他的期末总成绩。

Input

从键盘输入 3 个实数,分别表示平时成绩、实验成绩、期末上机测试成绩。

Output

输出期末总成绩(保留 1 位小数),输出后换行。

Sample Input

90 85 86

Sample Output

86.5

2.3.4　平均成绩(题号:1013)

本学期有 3 门专业课,平均分在 80 分以上才算优秀,请帮助 Fox 计算一下平均分。

Input

从键盘输入 3 个实数,分别表示 3 门专业课成绩。

Output

输出平均成绩(保留 1 位小数),输出后换行。

Sample Input

90 85 86

Sample Output

87.0

2.3.5　简单加密(题号:1014)

从键盘上输入任意 3 个字符,对它们进行加密。加密的规则:用原字符对应的 ASCII 码后的第 2 个字符代替当前字符,例如 a→c,0→2,H→J。

Input

从键盘上输入任意 3 个字符,分别存放到对应的变量中,字符间无空格。

Output

输出按规则加密后的密文。

Sample Input

Fox

Sample Output

Hqz

2.3.6　数位和(题号:1015)

Fox 的妹妹在读小学,她想练习口算,因此她想让哥哥考考她。Fox 任意报出一个三位数,Fox 的妹妹就可以快速计算出该三位数的各位数字之和。

Input

输入任意一个三位的正整数。

Output

输出分 2 行,第 1 行是该三位数的各位数字,按百位、十位、个位的顺序,用空格隔开。第 2 行是该三位数的各位数字之和。

Sample Input

123

Sample Output

1 2 3

6

2.3.7　找零问题(题号:1016)

Fox 想坐公交车回学校,可是身上没有零钱,他拿出一张 50 元面额的去零售店买东西并兑换零钱(零钱只有 10 元和 1 元 2 种),而且零钱的张数要尽可能少,请帮忙实现。

Input

输入 Fox 买的东西的价格。

Output

依次输出 10 元、1 元纸币的张数(张数为 0 也要输出)。

Sample Input

3

Sample Output

4 7

2.3.8　多项式求值(题号:1017)

编程计算下列多项式的值:

$$y = a_3 x^3 + a_2 x^2 + a_1 x + a$$

Input

依次输入多项式的 3 个系数、常数项和 x 的值。

Output

输出多项式的值(保留 2 位小数)。

Sample Input

1 1 1 2 −1

Sample Output

1.00

2.3.9　鸡兔同笼(题号:1018)

鸡和兔关在一个笼子里,鸡有 2 只脚,兔有 4 只脚,没有例外。已知现在可以看到笼子里面有 m 个头和 n 只脚,求鸡、兔各有多少只。

Input

输入 m、n,分别表示笼子里面头的个数和脚的个数(保证 m、n 是合理数据)。

Output

依次输出鸡和兔的个数。

Sample Input

10 22

Sample Output

9 1

分支结构——简单计算器1

3.1 实验目的

1.掌握关系运算符和逻辑运算符的使用；

2.掌握 if...else 语句及 switch 语句,实现分支结构；

3.通过学习分支结构,能够实现简单计算器编程；

4.通过学习分支结构程序设计,培养学生程序设计的初步编程能力。

3.2 实例分析

3.2.1 判断奇偶数(题号:1019)

1.题目描述

从键盘上输入一个整数 k,判断其奇偶。

Input

输入一个整数 k。

Output

如果 k 为奇数,就输出 odd;否则,输出 even。

Sample Input

1

Sample Output

odd

2.题目分析

本题是奇偶数判断问题,只要使用取余运算即可求解。

3.参考程序

```c
#include<stdio.h>
int main( )
{
    float k;                     //定义变量 k
    scanf("%d", &k);             //从键盘上输入一个整数
    if(k%2)
        printf("odd\n");
    else
        printf("even\n");
```

```
    return 0;
}
```

3.2.2 判断正负数(题号:1020)

1.题目描述

从键盘上输入一个整数 k,判断其正负。

Input

从键盘上输入一个整数 k。

Output

当 k>0 时, 输出 positive;

当 k=0 时, 输出 zero;

当 k<0 时, 输出 negative。

Sample Input

1

Sample Output

positive

2.题目分析

本题是一个正负数判断问题,是多路分支结构,思路较简单。但题目中对数据和输出有格式要求,因此在定义数据和输出数据时要多注意思考。

3.参考程序

```c
#include<stdio.h>
int main( )
{
    float k;                  //定义变量
    scanf("%d", &k);          //从键盘上输入
    if ( k > 0 )
        printf("positive\n");
    else
    {
        if ( k < 0 )
            printf("negative\n");
        else
            printf("zero\n");
    }
    return 0;
}
```

3.2.3 成绩等级(题号:1021)

1.题目描述

输入一个百分制的成绩 t,将其转换成对应的等级,具体转换规则如下:90～100 分为

A；80～89 分为 B；70～79 分为 C；60～69 分为 D；0～59 分为 E。

Input

输入数据有多组，每组占一行，由一个整数组成。

Output

对于每组输入数据，输出一行。如果输入数据不在 0～100，就输出字符串"Score is error!"。

Sample Input

56

67

100

123

Sample Output

E

D

A

Score is error!

2.题目分析

①由于本体涉及多组输入，因此需要同学们提前学习循环操作。

②多组输入如何判断结束，可以查找相关资料进行分析。

③非法输入，如果成绩大于 100 分，则结合 switch…case…break 语句配合使用，或者学习循环操作中的 continue 语句。

3.参考程序

方法一：

```c
#include <stdio.h>
int main()
{
    int t;
    while(~scanf("%d",&t))
    {
        if(t>100)
        {
            printf("Score is error! \n");
            continue;
        }
        switch(t/10)
        {
            case 10:
            case 9:
                printf("A\n");
                break;
```

```
        case 8：
                printf("B\n")；
                break；
        case 7：
                printf("C\n")；
                break；
        case 6：
                printf("D\n")；
                break；
        default：
                printf("E\n")；
        }
    }
}
```

方法二：
```
#include<stdio.h>
int main()
{
    int mark；
    while((scanf("%d",&mark))！＝EOF)
    {
    switch(mark/10)
    {
        case 10：
        case 9：
                printf("A\n")；
                break；
        case 8：
                printf("B\n")；
                break；
        case 7：
                printf("C\n")；
                break；
        case 6：
                printf("D\n")；
                break；
        case 5：case 4：case 3：case 2：case 1：case 0：
                printf("E\n")；
                break；
        default：
                printf("Score is error！\n")；
    }
    }
    return 0；
```

```
}
```

3.2.4　简单计算器 1(题号:1022)

1.题目描述

从键盘输入两个整数,两个整数之间有一个运算符,该运算符只有＋、－、＊、/四种,请输出运算结果。

Input

从键盘上输入两个整数和运算符。

Output

输出运算结果,如果运算不合法就输出－1。

Sample Input

1＋2

Sample Output

3

2.题目分析

本题是一道实现简单运算的题目,实现思路简单,只要判断中间的符号是什么即可。但是当进行除法运算时,需要在确认除数不可以为 0 的同时将 int 型强制转换为 float 型或者 double 型。

3.参考程序

```c
#include<stdio.h>
int main()
{
    int a,b;
    char c;
    scanf("%d%c%d",&a,&c,&b);
    if(c=='+') printf("%d\n",a+b);
    if(c=='-') printf("%d\n",a-b);
    if(c=='*') printf("%d\n",a*b);
    if(c=='/'){
        if(b==0) printf("-1\n");
        else printf("%f\n",1.0*a/b);
    }
    return 0;
}
```

4.错误分析

(1)数据类型定义出错,例如:int c;

(2)忘记处理除数不为 0 情况。

思考:如何做一个科学计算器?

3.3   相关拓展

3.3.1   字符判断(题号:1023)

输入一个字符,判断它是字母还是数字。

Input

输入一个字符。

Output

如果是字符,就输出"A";如果是数字,就输出"1";其他则输出"♯"。

Sample Input

9

Sample Output

1

3.3.2   整除问题(题号:1024)

对于两个整数 A、B,如果 A 能够整除 B,则输出"yes",否则输出"no"。

Input

输入两个整数。

Output

如果 A 能够整除 B,则输出"yes",否则输出"no"。

Sample Input

9 3

Sample Output

yes

3.3.3   斜率计算 2(题号:1025)

给出两个点的坐标,请求出斜率,这个斜率需要用最简分数表示,当斜率不存在时,输出为−1。

Input

输入 4 个整数 x1,y1,x2,y2,分别是 A、B 两点的坐标。

Output

输出这两个点所确定直线的斜率,不存在则输出−1。

Sample Input

2 1 0 0

Sample Output

1/2

3.3.4 分段函数(题号:1026)

已知分段函数 $y=\begin{cases} x^2-1, & x<0 \\ x^2, & 0\leq x<1 \\ x^2+1, & x\geq 1 \end{cases}$,输入一个 x,求结果。

Input

输入一个整数。

Output

输出分段函数的值。

Sample Input

－2

Sample Output

3

3.3.5 多种图形求面积(题号:1027)

编写一个程序,实现求矩形、三角形、圆形的面积。

Input

先输入一个整数 type,如果 type＝1,则输入长 a、宽 b 求矩形面积;如果 type＝2,则输入底 a、高 b 求三角形面积;如果是 3,则输入半径 r 求圆形面积。

Output

输出面积。

Sample Input

1 2 3

Sample Output

6

3.3.6 进制转换(题号:1028)

实现将十进制转换为二进制。

Input

输入一个十进制整数。

Output

输出对应的二进制数。

Sample Input

2

Sample Output

10

3.3.7 机票打折(题号:1029)

机场有了新的购票优惠,若购买的机票票价大于或等于 200 元且小于 500 元,则打 9

折;若大于或等于 500 元且小于 1 000 元,则打 8 折;若大于或等于 1 000 元,则打 5 折,输出共需要花费多少钱。

Input

输入一个整数。

Output

输出打折后的金额。

Sample Input

200

Sample Output

180

3.3.8　水费问题(题号:1030)

为了避免浪费,政府决定制定新的水费政策。若月用水量小于或等于 10 吨,则按每吨 6 元计算;若大于 10 吨且小于或等于 20 吨,则按每吨 7 元计算;若大于 20 吨,则按每吨 10 元计算,求水费。

Input

输入月用水量。

Output

输出水费。

Sample Input

9

Sample Output

54

3.3.9　三角形的类型判断(题号:1031)

输入三角形的三条边,确定三角形的类型(直角三角形、锐角三角形、钝角三角形)。

Input

输入三个整数 a、b、c。

Output

输出该三角形的类型。

Sample Input

3 4 5

Sample Output

直角三角形

3.3.10　一元二次方程的根(题号:1032)

对于一个一元二次方程,给定二次项系数、一次项系数与常数项,求方程的根。

Input

输入三个整数,分别代表二次项系数、一次项系数、常数项。

Output

输出方程中的任意一个根。

Sample Input

1 －4 0

Sample Output

2

3.3.11　判断闰年(题号:1033)

输入年份,判断其是否是闰年。

Input

输入一个年份。

Output

若是闰年则输出"yes",否则输出"no"。

Sample Input

2018

Sample Output

no

3.3.12　水仙花数(题号:1034)

水仙花数是指一个 3 位数,它的每一位上的数字的 3 次幂之和等于它本身。

Input

输入一个整数。

Output

如果是水仙花数则输出"yes",否则输出"no"。

Sample Input

123

Sample Output

no

实验 4　循环结构——简单计算器2

4.1　实验目的

1.掌握 for,while,do...while 语句的使用；

2.掌握循环条件的设置。

4.2　实例分析

4.2.1　n 个整数的和(题号:1035)

1.题目描述

编写实现 n 个连续整数求和的程序,n 由键盘输入。

Input

输入 2 行；

第 1 行是整数 n；

第 2 行 n 个整数(每个整数−1 000<=x<=1 000)。

(0<=n<=1 000)

Output

输出 n 个整数的和。

Sample Input

4

1 2 3 4

Sample Output

10

2.题目分析

本题是一个求和问题,题目对数据和输出的格式有要求,因此在定义和输出时就要注意思考。对于这样一个存在等差性质的数列,也可以考虑用数列求和公式。

3.参考程序

```c
#include<stdio.h>
int main()
{
    int n;
    scanf("%d",&n);     //定义变量 n 并由键盘输入
```

```
    int i,s=0,x;              //s 初始化为 0
    for(i=0;i<n;i++){
        scanf("%d",&x);
        s+=x;                 //每次累加 x
    }
    printf("%d\n",s);
    return 0;
}
```

4.2.2　输出图形(题号:1036)

1.题目描述

要求编写一个可以实现输出长度为 n 的线段("_"代表长度为 2 的线段)。

Input

输入一个整数 n。

(1<=n<=1 000)

Output

输出长度为 n 的线段。

Sample Input

4

Sample Output

—

2.题目分析

本题是一个简单循环应用,采用一次循环,按输出有格式要求编写即可。

3.参考程序

```
#include<stdio.h>
int main()
{
    int n;
    scanf("%d",&n);
    int i;
    for(i=0;i<n;i++){
        printf("_");
    }
    printf("\n");
    return 0;
}
```

4.2.3　倒序输出(题号:1037)

1.题目描述

要求编写一个程序,可以输出从 n 到 1 的整数。

Input

输入一个整数 n。

(1＜＝n＜＝1000)

Output

输出从 n 到 1 的整数。

Sample Input

4

Sample Output

4 3 2 1

2.题目分析

本题是一个简单循环应用,注意是一个循环变量减小的循环。采用一次循环,按输出有格式要求编写即可。

3.参考程序

```c
#include<stdio.h>
int main()
{
    int n;
    scanf("%d",&n);
    int i;
    while(n--){
        printf("%d ",n);
    }
    return 0;
}
```

4.3 相关拓展

4.3.1 求 n 的阶乘(题号:1038)

编写程序,求 n 的阶乘。

Input

输入一个整数 n(n＜10)。

Output

输出 n 的阶乘。

Sample Input

3

Sample Output

6

4.3.2 计算平均值(题号:1039)

编写程序,实现求 n 个数字的平均值。

Input

第一行输入一个整数 n(n<10)。

第二行输入 n 个整数,用空格隔开。

Output

输出平均值,保留两位小数。

Sample Input

3

1 2 3

Sample Output

2.00

4.3.3　非负数的和(题号:1040)

给定长度为 n 的整数数列,请编程求出从第 1 项开始的前 k 项非负数的和(第 k+1 项为负数,则 k=1~n)。

Input

第一行输入一个 n;

第二行输入 n 个整数,以空格隔开。

Output

输出一个数,表示读到负数前,所有非负数的和。

Sample Input

4

3 4 −6 7

Sample Output

7

4.3.4　质数判断(题号:1041)

输入一个数 N,判断这个数是不是质数(prime number)。

质数:一个数 N 除了 1 和它本身不存在其他约数,这样的数叫作质数。

Input

输入一个数 N。

Output

如果 N 是质数,输出"yes";

如果 N 不是质数,输出"no"。

Sample Input

111

Sample Output

No

4.3.5　倍数的个数（题号：1042）

输入 N，求出 1 到 N 的范围内所有 2、3、5 的倍数一共有多少个？

Input

输入一个数 N。

Output

输出总个数。

Sample Input

10

Sample Output

8

4.3.6　9 的个数（题号：1043）

给一个正整数 n，请求出 1 到 n 之间所有整数中出现了多少个 9。

Input

输入一个数 N。

Output

输出 9 的个数。

Sample Input

93

Sample Output

13

4.3.7　最大的质数（题号：1044）

输入一个数 n，求比 n 小的最大的质数是多少？

一个数是质数，当且仅当除了 1 和它本身以外，没有其他的数能整除它。

Input

输入一个数 N。

Output

输出一个最大的质数。

Sample Input

53

Sample Output

47

4.3.8　输出图形（题号：1045）

由键盘输入一个大写字母（A 到 Z 中的任意一个），输出由相关大写字母组成的图形。所输入的字母一定为输出文件的第一个字符（位于图形的左上角），其余部分的字母构成规律和分布呈倒三角形。

一些关于空白的说明：由于样例不是等宽字符，因此看起来不太美观。只需要正确输出每行的内容即可。如果你打算正确输出所有内容，需注意：每行行末没有不可见的空格。

Input

输入只有一行，仅为一个大写英文字母。

Output

输出文件包含一个图形。注意图形的行数与输入的字母有关，图形的第一行最左侧一定是输入的那个字母。

Sample Input

E

Sample Output

```
EDCBAABCD
 DCBAABC
  CBAAB
   BAA
    A
```

4.3.9　2 的幂整除（题号：1046）

输入一个正整数 n，计算它最多能被 2 的多少次幂整除。

Input

输入一个数 n。

Output

输出一个数。

Sample Input

896

Sample Output

7

实验 5

一维数组——成绩统计分析

5.1 实验目的

1.掌握数组的定义以及初步使用；
2.掌握数组的遍历。

5.2 实例分析

5.2.1 C 语言成绩统计分析 1(题号:1047)

1.题目描述

现在按学号次序(1 到 n)给 n 个同学的成绩,m 次询问,每次询问第 x 个学生的成绩。
Input
第一行输入一个整数 n,第二行输入 n 个整数,代表 n 个同学的成绩；
第三行输入一个整数 m,接下来 m 行每行输入一个整数 x,每次询问第 x 个同学的成绩。
(1<=n<=1000)
Output
对于每次询问,输出成绩。
Sample Input
4
1 2 3 4
3
1
2
4
Sample Output
1
2
4

2.题目分析

本题是一个一维数组定义查找问题,按下标操作即可,但要注意 C 语言下标是从 0 开始,程序设计时可以选择从 1 开始存储。

3.参考程序

```
#include<stdio.h>
int main()
{
    int n;
    int a[1005];
    scanf("%d",&n);
    int i;
    for(i=1;i<=n;i++){              //数组存储选择从 1 开始
        scanf("%d",&a[i]);
    }
    int m,x;
    scanf("%d",&m);
    for(i=0;i<m;i++){
        scanf("%d",&x);
        printf("%d\n",a[x]);
    }
    return 0;
}
```

5.2.2　C 语言成绩统计分析 2(题号:1048)

1.题目描述

现在按学号次序(1 到 n)给 n 个同学的成绩,m 次询问,每次询问第 i 个学生到第 j 个学生的平均成绩(保留两位小数)。

Input

第一行输入一个整数 n,第二行输入 n 个整数,代表 n 个同学的成绩。

第三行输入一个整数 m,接下来 m 行每行输入两个整数 i 和 j,表示询问第 i 个学生到第 j 个学生的平均成绩。

(1<=n<=1 000)

Output

对于每次询问,输出成绩,结果保留两位小数。

Sample Input

4

1 2 3 4

3

1 2

2 4

4 4

Sample Output

1.50

3.00

4.00

2.题目分析

本题是一个数组定义并遍历的题,思路较简单,但题目对数据和输出有格式的要求,因此在定义和输出时就要注意格式的问题。

3.参考程序

```
#include<stdio.h>
int main()
{
    int n;
    int a[1005];
    scanf("%d",&n);
    int i;
    for(i=1;i<=n;i++){
        scanf("%d",&a[i]);
    }
    int m,x,y,j;
    scanf("%d",&m);
    for(i=0;i<m;i++){
        scanf("%d%d",&x,&y);
        float sum=0;
        for(j=x;j<=y;j++){
            sum+=a[x];
        }
        printf("%.2f\n",sum/(y-x+1));
    }
    return 0;
}
```

5.2.3 C 语言成绩统计分析 3(题号:1049)

1.题目描述

现在按学号次序(1 到 n)提供 n 个同学的成绩,m 次询问 x,每次询问这 n 个学生中是否存在成绩为 x 的学生。

Input

第一行输入一个整数 n,第二行输入 n 个整数,代表 n 个同学的成绩。

第三行输入一个整数 m,接下来 m 行每行输入一个整数 x,每次询问成绩 x。

(1<=n<=1 000)

Output

对于每次询问,输出 yes 或 no。

Sample Input

4

1 2 3 4

3

3

5

100

Sample Output

yes

no

no

2.题目分析

本题是一个数组定义并遍历的题,思路较简单,但题目对数据和输出有格式的要求,因此在定义和输出时就要注意格式的问题。

3.参考程序

```c
#include<stdio.h>
int main()
{
    int n;
    int a[1005];
    scanf("%d",&n);
    int i;
    for(i=1;i<=n;i++){
        scanf("%d",&a[i]);
    }
    int m,x,j;
    scanf("%d",&m);
    for(i=0;i<m;i++){
        scanf("%d%d",&x);
        bool flag=0;
        for(j=1;j<=n;j++){
            if(a[j]==x){
                flag=1;
                break;
            }
        }
        If(flag) printf("yes\n");
        else printf("no\n");
    }
    return 0;
}
```

5.3　相关拓展

5.3.1　求逆序数（题号：1050）

输入 n 个整数,判断有多少对逆序数。

逆序数:第 i＋1 个数比第 i 个数小的就是逆序数。

Input

第一行输入一个整数 n,第二行输入 n 个整数。

(1＜＝n＜＝100)

Output

对于每次询问,输出结果。如果是偶数则输出"yes",否则输出"no"。

Sample Input

4

2 1 4 3

Sample Output

2

5.3.2　求奇偶（题号：1051）

输入 n 个整数,判断第 i 个数是否是偶数。

Input

第一行输入一个整数 n,第二行输入 n 个整数。

(1＜＝n＜＝100)

第三行输入一个整数 m,接下来 m 行,每行输入一个整数 x,询问第 x 个数是否是偶数。

Output

对于每次询问,输出结果。如果是偶数则输出"yes",否则输出"no"。

Sample Input

4

5 6 8 2

3

1

2

3

Sample Output

no

yes

no

5.3.3　斐波那契数列(题号:1052)

1.题目描述

斐波那契数列(Fibonacci sequence)又称黄金分割数列,因数学家莱昂纳多·斐波那契(Leonardoda Fibonacci)以兔子繁殖为例子而引入,故又称为"兔子数列",指的是这样一个数列:1,1,2,3,5,8,13,21,34,……。

Input

第一行输入一个整数 n(1<=n<=50)。

第二行输入 n 个整数,用空格隔开,每一个整数表示斐波那契数列中的第几个元素。

Output

输出 n 个斐波那契数。

Sample Input

4

8 6 1 6

Sample Output

21

8

1

8

注意:数据范围及多次询问的时间复杂度。

5.3.4　成绩排序(题号:1052)

m 个人的 C 语言成绩存放在 score 数组中,请按成绩高低进行降序排列。

Input

第一行输入一个整数 m。(1<=n<=50)

第二行输入 m 个整数,用空格隔开,每一个整数表示一名学生的 C 语言成绩。

Output

按从大到小顺序输出 m 名学生的成绩。

Sample Input

4

78 86 81 96

Sample Output

96 86 81 78

5.3.5　得分统计(题号:1053)

在信息学院的程序设计作品赛评审时,有 m 个评委,每个评委都给作品打一个分数,在统计分数时,去掉一个最高分和一个最低分,剩余分数的平均分即该作品的得分(结果保留一位小数)。

Input

第一行输入一个整数 m(1＜＝n＜＝50)。

第二行输入 m 个整数,用空格隔开,每一个整数表示该作品的得分。

Output

输出该作品的得分。

Sample Input

6

10 9 9 9 7 7

Sample Output

8.5

5.3.6 最大最小数(题号:1054)

有 n 个同学 C 语言成绩的整数序列,请写一个程序,把序列中的最高分与第一个数交换,最低分与最后一个数交换,输出交换完成的成绩序列。

Input

第一行输入一个整数 m(1＜＝n＜＝50)。

第二行输入 m 个整数,用空格隔开,每一个整数表示一名学生的 C 语言成绩。

Output

输出成绩序列。

Sample Input

6

90 92 71 95 78 73

Sample Output

95 92 73 90 78 71

5.3.7 整数分割(题号:1055)

输入一个正整数,求该整数是几位数,每位上数字是多少,然后逆序输出该整数。

Input

输入一个整数 m(1＜＝n＜＝10^9)。

Output

输出数据有 3 行,第一行为正整数位数,第二行为各位数字,第三行为逆序数。

Sample Input

621450

Sample Output

6

6 2 1 4 5 0

54126

5.3.8 时间计算(题号:1056)

编写程序计算当前日期距离年底还有多少天。(年底为 12 月 31 号)

Input

输入第一行是数据的组数 n＜100,下面 n 行是 n 组数据,每组数据由 3 个正整数组成,分别为年、月、日,应保证每组数据都是有效的日期。

Output

输出所输入的日期离年底还有几天。

Sample Input

2

2020 1 1

2019 12 30

Sample Output

365

1

二维数组——五子棋盘的表示

6.1 实验日的

1.掌握二维数组的定义以及初始化；
2.掌握二维数组的遍历,储存数据。

6.2 实例分析

6.2.1 五子棋盘(题号:1057)

1.题目描述

现在有一个 n 行 m 列的棋盘,有 q 次操作,每一次将棋子落在第 i 行第 j 列。棋盘的初始状态为 0,当一个棋子落在第 i 行第 j 列时,该位置的状态变为 1,请输出 q 次操作后,棋盘的状态。

Input

第一行输入两个整数 n,m。

$(1<=n,m<=100)$

第二行输入一个整数 q。

接下来 q 行,每行输入两个整数 i、j。

Output

输出这个棋盘的最后状态。

Sample Input

2 2

2

1 1

2 1

Sample Output

1 0

1 0

2.题目分析

本题是一个二维数组定义并遍历的题,但题目对数据和输出有格式的要求,因此在定义和输出数据时就要注意格式的问题。

3.参考程序

```
#include<stdio.h>
int main()
{
    int n,m;
    int a[105][105];
    scanf("%d%d",&n,&m);
    int i,j;
    for(i=1;i<=n;i++){
        for(j=1;j<=m;j++){
            a[i][j]=0;
        }
    }
    int q,x,y;
    scanf("%d",&q);
    for(i=1;i<=q;i++){
        scanf("%d%d",&x,&y);
        a[x][y]=1;
    }
    for(i=1;i<=n;i++){
        for(j=1;j<=m;j++){
            printf("%d",&a[i][j]);
        }
        printf("\n");
    }
    return 0;
}
```

6.2.2 矩形元素 1(题号:1058)

现在有一个 n 行 m 列的矩形,从键盘输入保存并输出它。

Input

第一行输入两个整数 n,m。

(1<=n,m<=100)

接下来 n 行,每行输入 m 个整数。

Output

输出这个矩形的所有元素。

Sample Input

2 2

2 4

4 4

Sample Output

2 4

4 4

2.题目分析

本题是一个二维数组定义存储问题,要注意行列分别由外层和内层循环控制。

3.参考程序

```
#include<stdio.h>
int main()
{
    int n,m;
    int a[105][105];
    scanf("%d%d",&n,&m);
    int i,j;
    for(i=1;i<=n;i++){
        for(j=1;j<=m;j++){
            scanf("%d",&a[i][j]);
        }
    }
    for(i=1;i<=n;i++){
        for(j=1;j<=m;j++){
            printf("%d",&a[i][j]);
        }
        printf("\n");
    }
    return 0;
}
```

6.2.3　矩形元素 2(题号:1059)

现在有一个 n 行 m 列的矩阵,q 次询问,每次询问第 i 行第 j 列的元素是什么?

Input

第一行输入两个整数 n,m。

(1<=n,m<=100)

接下来 n 行,每行输入 m 个整数。

第 n+1 行输入一个整数 q。

然后 q 行,每行输入两个整数 i、j。

Output

对于每次询问输出整数。

Sample Input

2 2

2 4

4 4

2
1 2
1 1
Sample Output
4
2

2.题目分析

本题主要是讲解一个二维数组定义并访问,理解二维数组随机访问的特点。

3.参考程序

```c
#include<stdio.h>
int main()
{
    int n,m;
    int a[105][105];
    scanf("%d%d",&n,&m);
    int i,j;
    for(i=1;i<=n;i++){
        for(j=1;j<=m;j++){
            scanf("%d",&a[i][j]);
        }
    }
    int q;
    scanf("%d",&q);
    for(i=1;i<=q;i++){
        scanf("%d%d",&x,&y);
        printf("%d\n",a[x][y]);
    }
    return 0;
}
```

6.3 相关拓展

6.3.1 五子棋的胜负判断(题号:1060)

现在有一个 n 行 m 列的五子棋盘,若 a[i][j]=1,则代表该位置是一个黑棋,若 a[i][j]=2,则代表该位置是一个白棋,否则该位置没有棋子。编写程序需要判断当前状态是哪方胜利了,黑棋胜利则输出 black,白棋胜利则输出 white,否则输出 do not know。

Input
第一行输入两个整数 n,m。
接下来 n 行,每行输入 m 个整数。
(1<=n,m<=100)
Output
输出结果或状态。
Sample Input

```
5 5
1 1 1 1 0
2 1 2 1 0
1 1 1 1 1
1 2 2 1 2
1 0 0 0 1
```
Sample Output
black

6.3.2   矩形前缀和(题号:1061)

现在有一个 n 行 m 列的矩形,询问 q 次,每次询问以(1,1)为左上顶点,(i,j)为右下顶点的矩形的和。

Input
第一行输入两个整数 n,m。
接下来 n 行,每行输入 m 个整数。
(1<=n,m<=100)
第 n+1 行输入一个整数 q。
接下来 q 行,每行输入两个整数 i、j。
Output
输出结果。
Sample Input
```
2 5
1 2 3 4 1
2 1 2 1 5
3
2 3
1 4
2 1
```
Sample Output
```
11
11
3
```

6.3.3   矩形乘积(题号:1062)

给定一个 m×p 维的矩阵和一个 p×n 维的矩阵,求这两个矩阵的乘积。
Input
第一行输入三个整数 m、p、n。
接下来输入矩阵中的每一个元素。
Output
输出矩阵的乘积。
Sample Input
```
2 3 2
```

```
1 2 1
2 1 2
3 1
2 1
1 1
```
Sample Output
```
8   4
10   5
```

6.3.4　对称矩形(题号:1063)

输入矩阵的行数和列数,再依次输入矩阵的每个元素,判断该矩阵是否为对称矩阵,若矩阵对称则输出"yes",不对称则输出"no"。

Input
第一行输入两个整数 m、n。
接下来输入矩阵中的每一个元素。

Output
若矩阵对称则输出"yes",不对称则输出"no"。

Sample Input
```
2 2
1 2
2 1
```
Sample Output
yes

6.3.5　矩阵鞍点(题号:1064)

找出具有 m 行 n 列二维数组 Array 的"鞍点",即该位置上的元素在该行上最大,在该列上最小,其中 1<=m、n<=10。同一行和同一列没有相同的数。

Input
输入数据有多行,第一行输入两个数 m 和 n,下面有 m 行,每行有 n 个数。

Output
按下列格式输出鞍点:Array[i][j]=x。
其中,x 代表鞍点,i 和 j 为鞍点所在的数组行和列下标,规定数组下标从 0 开始。
一个二维数组并不一定存在鞍点,此时输出 None,代表不存在鞍点。

Sample Input
```
3 3
1 2 3
4 5 6
7 8 9
```
Sample Output
Array[0][2]=3

实 验 7 数组应用——五子棋游戏

7.1 实验日的

1. 掌握二维数组的定义以及初始化；
2. 掌握二维数组的遍历，储存数据。

7.2 实例分析

7.2.1 五子棋游戏(题目:1064)

1.题目描述

每一次将棋子落在第 i 行第 j 列。棋盘的初始状态为 0,当一个棋子落在第 i 行第 j 列后,该位置的状态变为 1,棋色分为黑、白两种颜色,玩家可自由选择执棋颜色、落子顺序。棋局开始后,系统显示当前执棋方下棋情况,若有一方形成横向、竖向或斜向的五子连线,则游戏结束(如下图所示)。

//五点成线原则判断函数

```
int  gameover1()      //水平方向
int  gameover2()      //垂直方向
int  gameover3()      //正斜方向
int  gameover4()      //反斜方向
```

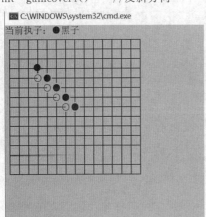
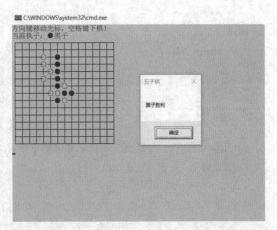

2.题目分析

五子棋胜负判断条件为棋盘上形成横向、竖向或斜向的连续的相同颜色的五个棋子称为"五连"。黑、白双方先在棋盘上形成五连的一方获胜。

3.参考程序

//根据五点成线原则判断输赢函数

//判断输赢

```
int gameover1()
{
    int horizontal = 1;   //水平方向记录相同棋子数量,包含自身故初始值为1
    //水平向右遍历统计同色棋子数
    for (int i = 0; i < 6; i++)
    {
        if (wY + i < length && wzh[wX][wY + i] == gamer)
        {
            horizontal++;
        }
        else
            break;
    }
    //水平向左遍历统计同色棋子数
    for (int i = 0; i < 6; i++)
    {
        if (wY - i > 0 && wzh[wX][wY - i] == gamer)
        {
            horizontal++;
        }
        else
            break;
    }
    if (horizontal > 6)
        return gamer;
    else
        return NULL;
}


int gameover2()
{
    int ertical = 1;   //竖直方向记录相同棋子数量
    //竖直向下
    for (int i = 0; i < 6; i++)
    {
        if (wX + i < length && wzh[wX + i][wY] == gamer)
        {
            ertical++;
        }
    }
```

```
        else
            break;
    }
    //竖直向上
    for (int i = 0; i < 6; i++)
    {
    if (wX − i > 0 && wzh[wX − i][wY] == gamer)
    {
        ertical++;
    }
    else
        break;
    }
    if (ertical > 6)
        return gamer;
    else
        return NULL;
}


int gameover3(){
    int positive = 1;   //正斜向记录相同棋子数量
    //正斜向,向斜下
    for (int i = 0; i < 6; i++)
    {
        if (wY + i < length && wX + i < length && wzh[wX + i][wY + i] == gamer)
        {
            positive++;
        }
        else
            break;
    }
    //向斜上
    for (int i = 0; i < 6; i++)
    {
        if (wY − i > 0 && wX − i > 0 && wzh[wX − i][wY − i] == gamer)
        {
            positive++;
        }
        else
            break;
    }
    if (positive > 6)
        return gamer;
```

```
        else
            return NULL；
}


int gameover4()
{
    int reverse = 1；  //反斜向记录相同棋子数量
    //反斜向,向斜上
    for (int i = 0；i < 6；i++){
        if (wY + i < length && wX − i>0 && wzh[wX − i][wY + i] == gamer)
        {
            reverse++；
        }
        else
            break；
    }
    //向斜下
    for (int i = 0；i < 6；i++)
    {
        if (wY − i > 0 && wX + i < length && wzh[wX + i][wY − i] == gamer)
        {
            reverse++；
        }
        else
            break；
    }
    if (reverse > 6)
        return gamer；
    else
        return NULL；
}
```

7.2.2 杨辉三角(题号:1065)

1.题目描述

使用二维数组打印一个 10 行的杨辉三角。

输入一个数 n,输出它的前 n 行。

Input

输入一个数 n。

Output

输出杨辉三角的前 n 行。每一行从这一行的第一个数开始依次输出,中间使用一个空格分隔。请不要在前面输出多余的空格。

Sample Input

4

Sample Output

1

1 1

1 2 1

1 3 3 1

2.题目分析

本题主要是明白杨辉三角系数的关系如何,利用二维数组相邻元素之间的关系予以体现。

3.参考程序

```c
#include <stdio.h>
#define MAX 34
int main()
{
    int n;
    int yanghui[MAX][MAX];
    scanf("%d",&n);
    for(int i=0;i<n;i++)
    {
        yanghui[i][0]=1;
        yanghui[i][i]=1;//杨辉三角每一行的第一列和最后一列数据都为1
        for(int j=1;j<i;j++)
        {
            yanghui[i][j]=yanghui[i-1][j-1]+yanghui[i-1][j];
            //每个数字等于它上方两个数字之和
        }
    }
    for(int i=0;i<n;i++)
    {
        for(int j=0;j<=i;j++)
        {
            printf("%d ",yanghui[i][j]);
        }
        printf("\n");
    }
    return 0;
}
```

7.2.3　螺旋矩阵(题号:1066)

1.题目描述

螺旋矩阵是指一个呈螺旋状的矩阵,它的数字由第一行开始向右变大,向下变大,向左变大,向上变大,如此循环。例如:

1　2　3
8　9　4
7　6　5

请帮助 Fox 同学构造一个螺旋矩阵。

Input

输入一个整数 n。

Output

输出螺旋矩阵。

Sample Input

3

Sample Output

1　2　3
8　9　4
7　6　5

2.题目分析

本题是一个二维数组定义并遍历的题,要注意矩阵元素变化的规律,设置相应的变量来记录转折处的行列值。

3.参考程序

```
#include <stdio.h>
void main()
{//n阶螺旋数字方阵,先把数字螺旋输入数组
//然后将数组中的数字按顺序输出
    int n,h,l,i,x=1;
    int a[100][100];
    printf("请输入一个整数 n\n");
    scanf("%d",&n);
        h=0;//行
        l=n-1;//列
        do
        {//第一圈(最外面一圈)
            for(i=(n-1-l);i<=l;i++)//第一行,n 个
                a[h][i]=x++;
            for(i=h+1;i<=(n-1-h);i++)//最后一列,n-1 个
                a[i][l]=x++;
```

```
        for(i=l-1;i>=(n-1-l);i--)//最后一行,n-1个
            a[n-1-h][i]=x++;
        h++;//下一个循环h要加1,而且为下一个for循环减少一个行数
        for(i=(n-1-h);i>=h;i--)//第一列(比最后一列少输入一个)n-2个
            a[i][n-1-l]=x++;
        l--;//下一个循环列要减1
    }while(x<=(n*n));
    for(i=0;i<n;i++)
    {//将数组内的数字按顺序输出
        for(h=0;h<n;h++)
            printf("%5d,",a[i][h]);
        printf("\n");
    }
}
```

7.3　相关拓展

7.3.1　完整路径(题号:1067)

现在将整数地址 1~n 排成一列,但是仅仅知道该地址的下一个地址在哪,如果一个地址的下一个是 0,则表示路径结束。每条路径总是从 1 开始,请帮忙复原这个路径。

Input

第一行输入一个整数 n(n<=10000),表示有 n 个整数。

接下来 n 行,每行输入两个数 i 和 j,表示排在整数 i 后面的数是 j。

Output

n 行,每行一个整数,表示完整的路径。

Sample Input

4

1 3

2 4

3 2

4 0

Sample Output

1

3

2

4

7.3.2　数字重复(题号:1068)

给出 m 个 1~n 的整数,请找出 1 到 n 中出现了 2 次或 2 次以上的整数。

Input

第一行输入 2 个整数 n、m,直接用空格分隔(n <= 10 000,n < m < 2n),表示有 m 个 1~n 的整数。

接下来 m 行,每行输入一个整数 a_i(1 <= a_i <=n)。

Output

若干行,每行两个数 a_i 和 b_i,从小到大输出数据中出现了超过 1 次的 1~n 中的整数 a_i 和出现的次数 b_i。

Sample Input

5 7

1

1

5

2

5

4

3

Sample Output

1 2

5 2

7.3.3 找寻数字(题号:1069)

给出 m 个 1~n 的整数,请找出 1~n 中没有出现过的整数。

Input

第一行输入 2 个整数 n、m,直接用空格分隔(1 <= n <= 10 000,m < n),表示有 m 个 1~n 的整数。

接下来 m 行,每行输入一个整数 a_i(1 <= a_i <=n,m 个数都不相同)。

Output

每行 1 个整数,从小到大输出数据中没有出现过的整数。

Sample Input

5 3

3

1

4

Sample Output

2

5

实验 8　字符串——单词个数

8.1　实验目的

1.掌握字符串的定义,理解字符串与字符数组之间的关系;

2.掌握字符串的基本操作算法。

8.2　实例分析

8.2.1　语句反转(题号:1070)

1.题目描述

给定一个字符串,需要在句中反转每个单词在句中的顺序,保留空格和初始单词顺序。

在字符串中,每个单词用一个空格分隔。

Input

输入一段英文句子(长度小于 1 000),包含空格。

Output

输出反转后的结果并换行。

Sample Input

I am a student

Sample Output

student a am I

2.题目分析

字符串的实质是一维字符数组,分别定义两个指针,初始时指向字符数组的头和尾,头指针和尾指针分别向后、向前遍历,在遍历时进行交换将整个串逆序。

3.参考程序

```
#include<iostream>
#include<cstring>
using namespace std;
void reverse(char * str,int begin,int end)
{
    char temp;
    while(end > begin){
        temp = str[begin];
```

```
        str[begin] = str[end];
        str[end] = temp;
        begin++;
        end--;
    }
}
int main()
{
    char str[1001];
    gets(str);
    //单词顺序都调反
    reverse(str,0,strlen(str)-1);
    int i = 0;
    //调整单词的顺序回正序
    int a,b;
    while(i < strlen(str)){
        while( str[i] == ' ' && i < strlen(str))//找到一个单词的开始
            i++;
        a = i;
        while( str[i] ! = ' ' && i < strlen(str))//找到一个单词的结尾
            i++;
        b = i - 1;
        reverse(str,a,b);
    }
    puts(str);
    return 0;
}
```

8.2.2 子串位置(题号:1071)

1.题目描述

输入字符串 a 和字符串 b,并保证 b 是 a 的一个子串,输出 b 在 a 中第一次出现的位置。

Input

输入两个字符串,并保证 b 是 a 的一个子串。

Output

输出 b 在 a 中第一次出现的位置。

Sample Input

Tobeahahedhead

head

Sample Output

11

2.题目分析

采用枚举法比较子串和主串的字符,若子串的最后一个字符和主串的字符已经相等,则匹配成功,因此可以用两个下标变量 a、b 分别指向主串和子串,若不匹配,则将 a 回溯,b 初始化为 0,主串的下一个字符开始重新匹配。

3.参考程序

```cpp
#include<iostream>
#include<algorithm>
using namespace std;
int main()
{
    string a,b;
    cin>>a>>b;
    cout<<a.find(b)+1;   //求的是位置
    return 0;
}
```

8.2.3 统计单词数(题号:1072)

1.题目描述

输入一段英文,统计句子中出现的单词数目。

Input

输入一段英文(长度小于 1 000),包含空格(逗号和句号等符号后有空格)。

Output

输出数目。

Sample Input

It matters not what someone is born,but what they grow to be.

Sample Output

13

2.题目分析

一个字符串中的单词是以空格符分隔的,因此若上一字符不是空格而当前字符是空格说明产生了一个单词。

3.参考程序

```cpp
#include<iostream>
#include<cstdio>
using namespace std;
int main()
{
    char str[1001];
    gets(str);
    int i = 0,count = 0;
```

```
    for(int i = 0;str[i] ! = '\0 '; i++){
        if(isalpha(str[i])&&! isalpha(str[i+1]))
            count++;
    }
    cout<<count<<endl;
}
```

8.2.4　最多字符(题号:1073)

1.题目描述

输入一段英文文本,请统计出文本中除了空格之外出现次数最多的字符。本题为多组输入。

Input

本题为多组输入。

每组测试案例输入的字符串长度小于 1 000,并且可以包含空格。

Output

对于每组测试案例,每行输出最多字符 x 和次数 b,并且中间用空格隔开。

Sample Input

Indifference and neglect often do much more damage than outright dislike.

It matters not what someone is born,but what they grow to be.

Sample Output

e 9

t 9

2.题目分析

设计一个数组用于统计每种字符出现的次数,其 ASCII 值为对应变量元素的下标,在遍历字符串的过程中累加出现的次数。

3.参考程序

```
#include<iostream>
#include<cstring>
using namespace std;
int main()
{
    char str[1001];
    int i,count[125];
    char mark;
    while(gets(str)! =NULL){
        memset(count,0,sizeof(count));
        int n = strlen(str);
        for(i = 0 ;i < n ; i++){
            if(str[i] ! = ' ')
                count[str[i]]++;
```

```
        }
        int maxn = 0;
        for(int i =65 ; i <= 122 ; i++){
        if(maxn < count[i]){
            maxn = count[i];
            mark = i;
        }
    }
    cout<<.mark<<" "<<maxn<<endl;
    }
}
```

8.3　相关拓展

8.3.1　ISBN 码(题号:1074)

每一本正式出版的图书都有一个 ISBN 码与之对应,ISBN 码包括 9 位数字、1 位识别码和 3 位分隔符,其规定格式如"x-xxx-xxxxx-x",其中符号"-"就是分隔符,最后一位是识别码,如 0-670-82162-4 就是一个标准的 ISBN 码。ISBN 码的首位数字表示书籍的出版语言,如 0 代表英语;第一个分隔符"-"之后的三位数字代表出版社,如 670 代表某出版社;第二个分隔符后的五位数字代表该书在该出版社的编号;最后一位为识别码。

识别码的计算方法如下:

首位数字乘以 1 加上次位数字乘以 2……以此类推,用所得的结果 mod 11,所得的余数即为识别码,如果余数为 10,则识别码为大写字母 X。例如,ISBN 0-670-82162-4 中的识别码 4 是这样得到的:对 0、6、7、0、8、2、1、6、2 这 9 个数字,从左至右,分别乘以 1,2,…,9,再求和,即 $0×1+6×2+……+2×9=158$,然后取 158 mod 11 的结果 4 作为识别码。

编写程序判断输入的 ISBN 码中识别码是否正确,如果正确,则输出"Right";如果错误,则输出正确的 ISBN 码。

Input

输入文件只有一行,是一个字符序列,表示一本书的 ISBN 码(保证输入符合 ISBN 码的格式要求)。

Output

输出文件共一行,假如输入的 ISBN 码的识别码正确,那么输出"Right",否则,按照规定的格式,输出正确的 ISBN 码(包括分隔符"-")。

Sample Input

0-670-82162-0

Sample Output

0-670-82162-4

8.3.2　数字替换(题号:1075)

火车票上的身份证号码,是用 * 号取代出生年月日。现在 Fox 有一个包含数字和字母字符的字符串密码,他不希望别人知道其中的数字是多少,请你帮忙把字符串中的数字字符全部替换成 ＊ 。

Input
输入一个字符串,保证字符串长度不超过 1 000。

Output
输出一个字符串,表示将输入字符串中的数字字符全部替换成 ＊ 之后的字符串。

Sample Input
My Pass1234word5678

Sample Output
My Pass ＊ ＊ ＊ ＊ word ＊ ＊ ＊ ＊

8.3.3　字符串排序(题号:1076)

给出 n 个不同的字符串,将它们按照字典顺序进行排列。

Input
第一行输入一个正整数 n(n<100),接下来的 n 行每一行输入一个字符串。

Output
输出排序后的 n 个字符串。

Sample Input
3
Computer
Come
Perfect

Sample Output
Come
Computer
Perfect

实验 9　函　数

9.1　实验目的

1.掌握函数的定义、申明和调用方法；

2.掌握结构化程序设计的模块化思想。

9.2　实例分析

9.2.1　相反字符串(题号：1077)

1.题目描述

通过调用函数,将所输入的 10 个字符,以相反顺序打印出来。

Input

输入一串字符串。

Output

输出相反顺序的字符串。

Sample Input

123abc456a

Sample Output

a654cba321

2.题目分析

此题中先输入的字符后输出,后进先出符合递归的特点,因此可以将调用函数设计为递归函数。

3.参考程序

```cpp
#include<iostream>
using namespace std;
void function(int n)
{
    if( n <= 1){
        char num;
        num = getchar();
        putchar(num);
    }
```

```
    else{
        char num;
        num = getchar();
        function(n-1);
        putchar(num);
    }
}
int main()
{
    int i = 10;
    function(10);
}
```

9.2.2 哥德巴赫猜想(题号:1078)

1.题目描述

哥德巴赫猜想(Goldbach's conjecture)是数学论中存在的未解问题之一。这个猜想最早出现在 1742 年普鲁士人克里斯蒂安·哥德巴赫与瑞士数学家莱昂哈德·欧拉的通信中。用现代的数学语言,哥德巴赫猜想可以陈述为:任一大于 2 的偶数,都可以表示成两个素数之和。现在请验证"哥德巴赫猜想"。输入一个正整数 a,然后输出这个数所有形如a=b+c的形式。而其中 b<=c 且 b 和 c 均是素数,如果存在多种可能,请按 b 的升序输出所有的分解。

Input
输入要分解的数。

Output
输出满足条件的等式并换行。

Sample Input
234

Sample Output
234 = 1 + 233
234 = 5 + 229
234 = 7 + 227
234 = 11 + 223
234 = 23 + 211
234 = 37 + 197
234 = 41 + 193
234 = 43 + 191
234 = 53 + 181
234 = 61 + 173
234 = 67 + 167
234 = 71 + 163
234 = 83 + 151

234 = 97 + 137
234 = 103 + 131
234 = 107 + 127

2.题目分析

设计函数使其能判断一个数是否为素数,然后对枚举的两个和数调用函数判断其是否为素数。

3.参考程序

```cpp
#include <iostream>
using namespace std;
bool function(int n){
    int i;
    for(i=2;i<=n/2;i++){
        if(n%i==0)
            return 0;
    }
    return 1;
}
int main()
{
    int a;
    cin>>a;
    for(int b = 1;b <= a; b++){
        for(int c = 1;c <= a;c++){
            if(a==b+c && function(b)&&function(c)&& b <= c){
                cout<<a<<" = "<<b<<" + "<<c<<endl;
            }
        }
    }
    return 0;
}
```

9.2.3　十进制转换为八进制(题号:1079)

1.题目描述

编写一个程序使其完成进制转换,要求使用函数将十进制转换为八进制。

Input

输入要转换的数值 n。

Output

输出转化后的数值。

Sample Input

1024

Sample Output

2000

2.题目分析

十进制转换为八进制的方法:对 8 取余作为八进制计数的权值,再反复对 8 取整,结果再取余,直至为 0,取余结果可存储于数组中;另外将函数设计为递归函数也可以完成该功能。

3.参考程序

```cpp
# include<iostream>
using namespace std;
int function(int num[],int n)
{
    int i = 0;
    while(n>0){
        num[i] = n % 8;
        i++;
        n = n / 8;
    }
    num[i] = '\0';
    return i;
}
int main()
{
    int num[105],m;
    int n;
    cin>>n;
    m = function(num,n);
    for(int i =m-1;i >= 0 ; i-- )
        cout<<num[i];
    return 0;
}
```

9.2.4　Fibonacci 数列(题号:1080)

1.题目描述

Fibonacci 数列是这样定义的:当 $i = 0$ 时,$F[0] = 0$;当 $i = 1$ 时,$F[1] = 1$;当 $i \geqslant 2$ 时,$F[i] = F[i-1] + F[i-2]$。因此,Fibonacci 数列就形如:0, 1, 1, 2, 3, 5, 8, 13, …。用递归方法编函数,求 Fibonacci 数列的第 n 项。

Input

输入要求的第 n 项(n<40)。

Output

输出该值。

Sample Input

12

Sample Output

144

2.题目分析

将函数设计为递归函数,注意其边界条件有两个。

3.参考程序

```cpp
# include<iostream>
using namespace std;
int fib(int n)
{
    if(n==1||n==2)
        return 1;
    else
        return fib(n-1)+fib(n-2);
}
int main()
{
    int n;
    cin >> n;
    cout<<fib(n)<<endl;
}
```

9.3 相关拓展

9.3.1 计算函数(题号:1081)

根据以下公式计算 m 的值:

m = max3(a+b,b,c)/(max3(a,b+c,c)+ max3(a,b,b+c))

其中,max3 函数为计算三个数的最大值,如:max3(1, 2, 3)返回结果为 3。

Input

输入三个整数,用空格隔开,分别表示 a、b、c。

Output

输出一行,一个浮点数,小数点保留 2 位,为计算后 m 的值。

Sample Input

1 2 3

Sample Output

0.30

9.3.2 大小质数(题号:1082)

给出一个正整数 n,求出比 n 大的第一个质数和比 n 小的第一个质数。

例如:n = 5,输出 7 3,比 5 大的第一个质数是 7,比 5 小的第一个质数是 3。

Input

输入一个数 n($2 < n < 10^9$)。

Output

输出两个数,中间用空格隔开,分别对应比 n 大的第一个质数以及比 n 小的第一个质数。

Sample Input

7

Sample Output

11 5

实验 10　结构体——成绩分析系统

10.1　实验目的

1.掌握结构体类型及其变量的定义；

2.掌握结构体变量的初始化和结构体变量成员的访问。

10.2　实例分析

10.2.1　总分排序(题号:1083)

1.题目描述

输入 n 个学生的信息(姓名、学号、5 门课程成绩),算出总分并进行排序,按总分从高到低输出这些数据。

Input

第一行输入学生的个数 n,接下来的 n 行输入学生的姓名、学号、5 门课程的成绩。

Output

一共输出 n 行,每行输出学生的姓名、学号及总分(格式:total＝?),每个数据相隔一个空格。

Sample Input

3

A 200701 98 125 100 96 85

B 200702 100 100 100 100 120

C 200703 130 80 70 50 50

Sample Output

B 200702 total＝520

A 200701 total＝504

C 200703 total＝380

2.题目分析

学生结构体成员中不包含 5 门课程的成绩,因此 5 门课程成绩输入后只需要统计总分即可,不必保存;排序可以调用库函数,也可自行设计功能函数。

3.参考程序

＃include ＜iostream＞

```
# include <algorithm>
using namespace std;
struct stu{
        string name;
        int schoolnum;
        int sum=0;
    };

bool cmp(stu x,stu y){
        return x.sum<y.sum;
    }

int main(){
        int n;
        cin>>n;
          stu students[n];
            for(int i=0;i<n;i++){
            int   b=0;
            cin>>students[i].name>>students[i].schoolnum;
            for(int j=0;j<5;j++){//输入5门课程的成绩,统计总分
              cin>>b;
              students[i].sum+=b;
            }
          }
        sort(students,students+n,cmp);
        for(int i=n-1;i>=0;i--){
          cout<<students[i].name<<''<<students[i].schoolnum<<''<<"total="<<students
        [i].sum<<endl;
          }

        return 0;
}
```

10.2.2　优秀职员评定(题号:1084)

1.题目描述

某个公司年末评定优秀职员,评定优秀职员有5项成绩:出勤打卡、工作态度、卫生、仪容仪表、工作项目完成度。每项20分,满分为100分。按照公司规定,大于或等于85分可以参与优秀职员的竞选,现在请统计有多少个职员没有达到参与竞选的标准(小于85分),并且统计最高分。

Input
输入为多组输入。

每组数据第一行输入 t(要统计的职员数目),接下来 t 行每行为 5 个整数,代表 5 项评分。

Output

每组数据只输出一行,为未能参加竞选的职员人数和最高分。

Sample Input

5

5 5 5 5 10

15 20 10 20 20

20 20 20 20 20

1 1 1 1 1

20 10 20 10 20

Sample Output

3 100

2.题目分析

因为题目未要求保存各员工的 5 项评分数据,因此可能定义一个结构体变量,在输入结构体变量成员值时计算出总分。又因为根据每一位总分最后评价,需要每一位的总分结果方可进行,故须申请一个数组记录每一位的总分,在该数组的基础上再进一步完成后续工作。

3.参考程序

```c
#include <stdio.h>
#include <stdlib.h>
#include <string.h>
struct dormitory//5 项成绩:出勤打卡,工作态度,卫生,仪容仪表,工作项目完成度
{
    int ljt;
    int gg;
    int zz;
    int cp;
    int ct;
};
int main()
{
    int t, sum[110], i, n, max;
    while(~scanf("%d", &t))   //t 组输入
    {
        memset(sum, 0, sizeof(sum));
        struct dormitory dor;   //定义 dor 为 dormitory 类型的变量
        for(i = 0; i < t; i++)
        {
            scanf("%d", &dor.ljt);//结构体成员变量的引用
            scanf("%d", &dor.gg);
```

```
            scanf("%d", &dor.zz);
            scanf("%d", &dor.cp);
            scanf("%d", &dor.ct);
            sum[i] += dor.ljt;
            sum[i] += dor.gg;
            sum[i] += dor.zz;
            sum[i] += dor.cp;
            sum[i] += dor.ct;
        }
        n = 0;
        max = sum[0];
        for(i = 0; i < t; i++)
        {
            if(sum[i] < 85)   n++;//不及格的个数计数
            if(max < sum[i])   max = sum[i];//找出成绩最高分
        }
        if(max < 85)   printf("%d No\n", n);
        else   printf("%d %d\n", n, max);
    }
    return 0;
}
```

10.2.3　紧张刺激的排名(题号:1085)

1.题目描述

每次紧张刺激的比赛都会有一个最终排名,这次的比赛排名是按照题目完成的数目来排名,如果做出的题目数量相同,则保持输入的次序来排名,现在需要编写一个程序来计算最后的排名。

本题为多组输入,故第一行 t 为测试组数,每组数据第一行都有一个比赛人员数目 n,接下来的 n 行每行包括两个整数,分别是队伍编号 ID 和做出的题数 m。

Input
多组输入。
Output
输出 n 行,每行包括 ID 和做出的题目数量,中间间隔一个空格。
Sample Input
1
5
14182401111 3
14182401112 7
14182401711 0
14182401712 3
14182401188 2
Sample Output

14182401112 7

14182401111 3

14182401712 3

14182401188 2

14182401711 0

2.题目分析

本题根据结构体成员变量完成数值比较,然后将结构体变量排序即可。更简单的办法是使用指针数组,交换地址而不交换数值。

3.参考程序

```c
#include <stdio.h>
#include <stdlib.h>
struct st
{
    int d,t;
}s[1001],ta;
int main()
{
    int T,n,i,j;
        scanf("%d",&T);
        while(T--)   //有 T 组测试数据
        {
            scanf("%d",&n);
            for(i=1; i<=n; i++)
                scanf("%d %d",&s[i].d,&s[i].t);
            for(i=1; i<=n; i++)
            {
                for(j=1; j<=n-i; j++)   //用冒泡排序法
                {
                    if(s[j].t<s[j+1].t)
                    {
                        ta=s[j];
                        s[j]=s[j+1];
                        s[j+1]=ta;
                    }
                }
            }
            for(i=1; i<=n; i++)
                printf("%d %d\n",s[i].d,s[i].t);
        }
        return 0;
}
```

10.2.4 信息打印(题号:1086)

Fox 是一个马马虎虎的员工,他去打印客户名单时,把名单上的顺序颠倒了,所以他想重新排好顺序(字典序)。客户名单包括姓名、城市、信用分,请输出真正的名单顺序。

Input
多组输入,第一行输入客户数目 n,接下来 n 行为 n 个客户的信息。

Output
按顺序输出信息,每行的每个信息中间隔一个空格。

Sample Input
3
Wangwu hunan 100
Lisi beijing 20
Zhaoliu beijing 50

Sample Output
Lisi beijing 20
Wangwu hunan 100
Zhaoliu beijing 50

10.2.5 信息添加(题号:1087)

1.题目描述

某学校的某位老师正在登记成绩,信息包括学号、姓名、3 门课程的成绩。现在的成绩表已经按学号升序排列,请实现添加一个学生的信息并按学号排序,如果添加的学号重复,请输出"error!"。

Input
第一行输入已有学生个数 n。
接下来 n 行输入 n 个学生的学号、姓名、3 门课程的成绩。
接下来一行输入新添加学生的学号、姓名、3 门课程的成绩。

Output
如果没有学号重复,则输出学号排序后的整张表的信息(n+1 个学生),否则仅输出一行"error!"。

Sample Input
3
14182401111 LIHUA 60 70 80
14182401112 Hanmeimei 70 80 90
14182401711 wangzai 100 100 100
14182401701 DIDI 50 70 80

Sample Output
14182401111 LIHUA 60 70 80
14182401112 Hanmeimei 70 80 90

14182401701 DIDI 50 70 80

14182401711 wangzai 100 100 100

2.题目分析

在已排序的结构体数组上找到插入点进行插入。

3.参考程序

```
#include<stdio.h>
#define swap(a,b,t){t=a;a=b;b=t;}
struct cj
{
        long long xuehao;
        char name[20];
        int yuwen;
        int shuxue;
        int yingyu;
};
int main()
{
        int n,flag=0,i,j=0;
        cj k[100],a,f;
        scanf("%d",&n);
        for(int i=0;i<n;i++)
        scanf("%lld%s%d%d%d",&k[i].xuehao,k[i].name,&k[i].yuwen,&k[i].shuxue,&k[i].
yingyu);

        scanf("%lld%s%d%d%d",&a.xuehao,a.name,&a.yuwen,&a.shuxue,&a.yingyu);
        //待插入学生信息
        for(i=0;i<n;i++)   //插入新的学生
        {
            if(k[i].xuehao==a.xuehao)
            {
                flag=1;
                printf("error!");
                break;
            }
            else
            {
                if(k[i].xuehao<a.xuehao)
                j=i;
                if(a.xuehao<k[0].xuehao)
                {
                    swap(a,k[0],f);
```

```
            j=i;
        }
    }
}
if(n==1)
{
    flag=1;
    if(k[0].xuehao>a.xuehao)
    {
        swap(k[0],a,f);
printf("%lld %s %d %d %d\n",k[0].xuehao,k[0].name,k[0].yuwen,k[0].shuxue,
k[0].yingyu);
        printf("%lld %s %d %d %d\n",a.xuehao,a.name,a.yuwen,a.shuxue,a.yingyu);
    }
    else if(k[0].xuehao==a.xuehao)
    printf("error!");
    else if(k[0].xuehao<a.xuehao)
    {
printf("%lld %s %d %d %d\n",k[0].xuehao,k[0].name,k[0].yuwen,k[0].shuxue,
k[0].yingyu);
        printf("%lld %s %d %d %d\n",a.xuehao,a.name,a.yuwen,a.shuxue,a.yingyu);
    }
}
if(flag==0)
{
    for(i=0;i<n;i++)
    {
    if(i!=j)
    printf("%lld %s %d %d %d\n",k[i].xuehao,k[i].name,k[i].yuwen,k[i].shuxue,
    k[i].yingyu);
    else
    {
    printf("%lld %s %d %d %d\n",k[i].xuehao,k[i].name,k[i].yuwen,k[i].shuxue,
    k[i].yingyu);
        printf("%lld %s %d %d %d\n",a.xuehao,a.name,a.yuwen,a.shuxue,a.yingyu);
    }
    }
}
return 0;
}
```

10.3　相关拓展

10.3.1　电话簿管理(题号:1088)

利用结构体类型数组输入 5 位用户的姓名和电话号码,按姓名的字典顺序排列后(姓名相同保持原位置)输出用户的姓名和电话号码。已知结构体类型如下:

struct user { char name[20]; char num[10]; };

Input

输入姓名字符串和电话号码字符串。

Output

输出按姓名排序后的姓名字符串和电话号码字符串。

Sample Input

LiWu

12345

ZhangSan

23456

LiuMing

34567

ZhaoLiu

21456

WuJiang

12456

Sample Output

LiuMing

34567

LiWu

12345

WuJiang

12456

ZhangSan

23456

ZhaoLiu

21456

10.3.2　学生数据管理(题号:1089)

输入 n 个学生数据记录(姓名、学号、5 门课程成绩),计算出总分,并且按总分从高到低输出这些数据。

Input

输入 n 个学生数据记录(姓名、学号、5 门课程成绩)。

Output

输入 n 个学生数据记录(姓名、学号、5 门课程成绩)。

Sample Input

3

A01 200701 98 125 100 96 85

A02 200702 100 100 100 100 120

A03 200703 130 80 70 50 50

Sample Output

A02 200702 total＝520

A01 200701 total＝504

A03 200703 total＝380

实验 11 文 件

11.1 实验目的

1.掌握文件指针的定义；
2.掌握文件的打开、修改、输出、关闭等操作。

11.2 实例分析

11.2.1 打开文件

1.题目描述

打开 text 文件，如果正常打开则输出"The file open."，若异常打开则输出"The file can not be opened."。

Input

建立一个 text 文件或者不建立。

Output

如果正常打开则输出"The file open."，若异常打开则输出"The file can not be opened."。

Sample Input

无

Sample Output

The file can not be opened.

2.题目分析

文件应以读方式打开，打开错误应给出提示。

3.参考程序

```c
#include <stdio.h>
int main()
{
    FILE * fp;//定义一个名为 fp 文件的指针
    //判断按读方式打开一个名为 test 的文件是否失败
    if((fp=fopen("test","r"))== NULL)//打开错误
    {
        printf("The file can not be opened.\n");
```

```
    }
    printf("The file open.\n");
    return 0；
}
```

11.2.2 字母转换

1.题目描述

将 text1 文件中的大写字母转为小写字母,小写字母转为大写字母后保存到 text2 文件中。

Input

在 text1 文件中写入字符串,如 abgdeFADF。

Output

输出在 text2 文件内的字符串。

Sample Input

无

Sample Output

text2 文件内 ABGDEfadf

2.题目分析

两个文件应分别以读和写的方式打开,对第一个文件读入的字符变换后写入第二个文件中。

3.参考程序

```c
#include<stdio.h>
int main()
{
    char ch;
    FILE * fp1,* fp2;
    fp1 = fopen("text1.txt","r");
    if(fp1 == NULL)
        return -1;
    fp2 = fopen("text2.txt","w");
    if(fp2 == NULL)
        return -1;
    ch = fgetc(fp1);
    while(ch ! = EOF)
    {
        if(ch >= 'a' && ch <= 'z')
            ch -= 32；
        else if(ch >= 'A' && ch <= 'Z')
            ch += 32；
        fputc(ch,fp2);
        ch = fgetc(fp1);
```

```
    }
    fclose(fp1);
    fp1 = NULL;
    fclose(fp2);
    fp2 = NULL;
    return 0;
}
```

11.2.3 文件的结束

1.题目描述

如果 text 文件结束,则返回非 0 值,否则返回 0。

Input

向 text 文件中输入 7 个字符。

Output

输出 7 次检验是否到达文件结尾的结果。

Input

1234567

Output

0

0

0

0

0

0

19

2.题目分析

先读入文件的 7 个字符并输出。

3.参考程序

```
#include<stdio.h>
int main(int argc,char * * argv)
{
    FILE * fp;
    int ch;
    fp = fopen("text.txt","r");
    if(fp == NULL)
        return -1;
    for(int i=0;i<7;i++)
    {
        ch = fgetc(fp);
        printf("%d\n",feof(fp));
```

```
    }
    return 0;
}
```

11.3 相关拓展

11.3.1 改写文件

1.题目描述

将"HNIST!"写入 text 文件中,并输出。

Input

在已经建立好的 text 文件中写入"HNIST!"。

Output

输出写好的"HNIST!"。

Sample Input

无

Sample Output

HNIST!

2.题目分析

将存储于数组中的字符串写入打开的文件中即可。

3.参考程序

```
#include <stdio.h>
#include <string.h>
int main()
{
    FILE * fp;
    char str[7]="HNIST!";
    fp=fopen("text.txt","w");

    for(int i=0;i<strlen(str);i++)
    {
        fputc(str[i],fp);
        fputc(str[i],stdout);
    }
    fclose(fp);
    return 0;
}
```

第 2 篇

数据结构与算法设计实验

12.1 实验目的

1.掌握线性表的建立、输出、插入、删除、查找等基本操作的算法设计与实现;

2.掌握线性表合并等运算,在顺序存储结构和链式存储结构上的运算;

3.能够运用线性表基本操作解决实际应用问题并实现相应算法。

12.2 实例分析

12.2.1 约瑟夫环问题

1.题目描述

已知 n 个人(编号分别为 1,2,3,…,n)围坐在一张圆桌周围。从编号为 k 的人开始报数,数到 m 的那个人出列;他的下一个人又从 1 开始报数,数到 m 的那个人又出列;以此类推,直到圆桌周围的人全部出列。

Input

第一行输入三个整数 n,m,k。

Output

输出这个出列的序列编号。

Sample Input

7,3,2

2.题目分析

通过输入 n、m、k 三个正整数求出列的序列,采用循环链表的数据结构将一个链表的队尾元素指针指向队首元素,即 p—>link=head。可通过如下步骤完成:①建立一个具有 n 个链节点,无头节点的循环链表;②确定第 1 个报数人的位置;③不断地从链表中删除链节点,直到链表为空。

3.参考程序

```
//循环链表——约瑟夫问题
#include <stdio.h>
#include <malloc.h>
typedef struct LNode
{
    int data;
```

```
        struct LNode  * link;    //指向后继节点
} LNode, * LinkList;

void JOSEPHUS(int n,int k,int m);
int main(  )
{
    int n,m,k;
    scanf("%,%,%",n,m,k);
    JOSEPHUS(n,m,k);
    return 0;
}

void JOSEPHUS(int n,int m,int k) //n 为总人数,k 为第一个开始报数的人,m 为出列者喊到的数字
{
    LinkList p=NULL,r=NULL,list=NULL; //p 为当前节点,r 为辅助节点,list 为指向 p 的前驱节点
    //list 为头节点
    for(int i=1;i<n+1;i++) //建立循环链表
    {
        p=(LinkList)malloc(sizeof(LNode));
        p->data=i;
        if(list==NULL)
            list=p;
        else
            r->link=p;
        r=p;
    }
    p->link=list; //使链表循环起来
    p=list; //使 p 指向头节点

    for(int i=0;i<k-1;i++) //把当前指针移动到第一个报数的人
    {
        r=p;
        p=p->link;
    }
    while(p->link! =p)        //循环删除队列节点
    {
        for(int i=0;i<m-1;i++)
        {
            r=p;
            p=p->link;
        }
        r->link=p->link;
        printf("被删除的元素:%d\n",p->data);
```

```
        free(p);
        p=r->link;
    }
    printf("\n 最后被删除的元素:%d\n", p->data);
}
```

12.2.2 表重复元素删除

1.题目描述

在长度为 n(n<1 000)的顺序表中可能存在着一些值相同的"多余"数据元素(类型为整型),编写一个程序将"多余"的数据元素从顺序表中删除,使该表由一个"非纯表"(值相同的元素在表中可能有多个)变成一个"纯表"(值相同的元素在表中只有一个)。

Input

第一行输入表的长度 n;

第二行依次输入顺序表初始存放的 n 个元素值。

Output

第一行输出删除多余元素以后顺序表的元素个数;

第二行依次输出删除后的顺序表元素。

Sample Input

10

1 2 3 3 4 5 6 6 7 8

Sample Output

8

1 2 3 4 5 6 7 8

2.题目分析

先建立存储数据元素的链表,然后对此链表的每一个元素检查其后是否有相同的元素,若有则删除该重复元素并重新构造链接关系。

3.参考程序

```
#include <stdio.h>
#include <stdlib.h>
using namespace std;
struct node
{
    int x;
    struct node * next;
} * head, * a, * b;
int main()
{
    int n, i, s;
    scanf("%d",&n);
```

```
head = new node;
head->next = NULL;
node * p = head;
for(i = 0; i < n; i++)
{
    node * q = new node;
    scanf("%d",&q->x);
    q->next=NULL;
    p->next=q;
    p=q;
}
for(node * p=head->next;p! =NULL;p=p->next)
{
    s = p->x;
    a = p;
    b = a->next;
    while(b! =NULL)
    {
        if(b->x==s)
        {
            a->next = b->next;
            delete(b);
            b=a->next;
            n--;
        }
        else
        {
            a = a->next;
            b = a->next;
        }
    }
}
printf("%d\n",n);
for(node * p=head->next;p! =NULL;p=p->next)
{
    printf("%d ",p->x);
}
return 0;
}
```

12.2.3　一元多项式求和

1.题目描述

求两个多项式的和,先输入两个多项式,然后输出这两个多项式的和。多项式输入、输出要求如下图:

2.题目分析

两个多项式相加实质是两个链表合并,两个存储多项式的链表在合并过程中需要先找到各链表中具有相同指数域的节点,将它们的系数域相加,结果作为新的节点的系数域,同时还要注意系数和为 0 这种特殊情况的处理。

3.参考程序

```
#include <stdio.h>
#include <malloc.h>
typedef struct node
{
    int ceof;//系数
    int exp;//指数
    struct node  * next;
} NODE;

NODE  * creatPoly()
{
    int ceof;
    int exp;
    NODE * head, * tail, * s;//链表头节点,尾节点,插入的节点
    head=(NODE  * )malloc(sizeof(NODE)); //新建不含数据,指向第一个节点的头节点
    head->next=NULL;
    tail=head; //链表初始状态时,头尾节点指向第一节点
    printf("请输入系数和指数,中间用逗号分开\n");
    printf("ceof,exp: ");
```

```
        scanf("%d,%d",&ceof,&exp);
        printf("\n");
        while(ceof)
        {
            s=(NODE *)malloc(sizeof(NODE));
            s->ceof=ceof;
            s->exp=exp;
            s->next=NULL;
            tail->next=s;
            tail=s;
            fflush(stdin);//清除缓存
            printf("ceof,exp: ");
            scanf("%d,%d",&ceof,&exp);
        }
        return head;
    }


void printPoly(NODE *head)
{
    NODE *node;
    node=head->next;
    printf("一元多项式为:");
    while(node! =NULL)
    {
        printf("%d*X^%d",node->ceof,node->exp);
        node=node->next;
    }
    printf("\n");
}
//算法思路为将 a、b 一元多项式合并到 a,然后返回 a
NODE *polyAdd(NODE *poly_a,NODE *poly_b)
{
    int sum;
    NODE *p,*q,*pre,*temp;//定义 poly_a,poly_b 头节点指向的第一个节点 p,q,pre 为 p 的
//前驱节点,temp 为临时节点
    p=poly_a->next;
    q=poly_b->next;
    pre=poly_a;//开始时 pre 就指向 p 的前驱
    while(p&&q)
    {
        if(p->exp>q->exp)
        {
            temp=q->next;
```

```
            q—>next=p;
            pre=q;
            q=temp;
            free(q);
        }
        else
            if(p—>exp==q—>exp)
            {
                sum=p—>ceof+q—>ceof;
                    if(sum==0)
                    {
                        pre=p;
                        p=p—>next;
                        temp=q;
                        q=q—>next;
                        free(temp);
                    }
                    else
                    {
                        p—>ceof=sum;
                        pre=p;
                        p=p—>next;
                        temp=q;
                        q=q—>next;
                        free(temp);
                    }
                }
            else
            {
                pre=p;
                p=p—>next;
            }
    }
    //如果 q 还没有结束,将 q 接在 p 链尾
    if(q! =NULL)
    {
        pre—>next=q;
        free(q);
    }
    return poly_a;
}


int main()
```

```
{
    printf("请输入第一组一元多项式\n");
    NODE * poly_a＝creatPoly();
    printPoly(poly_a);
    printf("请输入第二组一元多项式\n");
    NODE * poly_b＝creatPoly();
    printPoly(poly_b);
    NODE * result＝polyAdd(poly_a,poly_b);
    printf("一元多项式相加\n")
    printPoly(result);
}
```

12.2.4　合并有序表

1.题目描述

有两个表 A 和 B,将其合成为一个新的有序表(非降序),其中 A 为有序表(非降序)。

Input

第一行输入两个表长度 n 和 m;

然后输入 n 个 A 表元素,再输入 m 个 B 表元素。

Output

输出合成后新有序表的元素,每个元素间隔一个空格。

Sample Input

5 8

1 2 3 4 5

8 6 9 7 10 11 13 12

Sample Output

1 2 3 4 5 6 7 8 9 10 11 12 13

2.题目分析

合并两个有序表,遍历第二个表的每一个元素在第一个表中寻找到插入点后,将第一个表的元素后移然后插入。

3.参考程序

```
#include<stdio.h>
#define MAX 100
typedef struct
{
    int a[MAX];
    int size;
} sequence_list;
void init(sequence_list * L)
{
    L->size＝0;
```

```
}
void function(sequence_list * L,sequence_list * R)
{
    int i,j,k;
    for(i=0;i<R->size;i++)//将链表 R 的元素与链表 L 的元素进行比较,寻找插入点
    {
        for(j=L->size-1;j>=0;j--)
        {
            if(R->a[i]<L->a[j])
            {
                L->a[j+1]=L->a[j];//找到插入点后,将链表 L 最后一个元素后移
                if(j==0)
                    L->a[0]=R->a[i];
            }
            else
                if(R->a[i]>=L->a[j])
                {
                    L->a[j+1]=R->a[i];
                    break;
                }
        }
        L->size++;
    }
}
int main()
{
    sequence_list L,R;
    int a;
    int i;
    init(&L);
    init(&R);
    int n,m;
    scanf("%d%d",&n,&m);
    while(n--)   //建立第一个顺序表
    {
        scanf("%d",&a);
        L.a[L.size]=a;
        L.size++;
    }
    while(m--)   //建立第二个顺序表
    {
        scanf("%d",&a);
        R.a[R.size]=a;
```

```
        R.size++;
    }
    function(&L,&R);  //合并两个表
    for(i=0;i<L.size;i++)
        printf("%d ",L.a[i]);
    return 0;
}
```

12.2.5　顺序表的查找

1.题目描述

顺序表里存放着 n 个数,编写程序实现输入一个数可以查询它是否在表中,如果存在则输出其在表中的位置,否则输出"No Found!"。

Input

第一行输入整数 n 为顺序表的长度,接下来一行输入 n 个表的元素,再输入要查询的数字次数 m,接着输入 m 个数字。

Output

如果存在则输出其在表中的位置,否则输出"No Found!"。

Sample Input

8

1 6 19 29 20 18 2 0

3

1 39 2

Sample Output

1

No Found!

7

2.题目分析

本题使用二分查找,以中分点为界,对左右两边分别递归求解。

3.参考程序

```
#include<stdio.h>
#include<stdlib.h>
typedef int ElemType;
#define LIST_SIZE 100010
typedef struct
{
    ElemType * elem;
    int listsize;
    int length;
}Sqlist;
```

```
void InitialList(Sqlist &L)
{
    L.elem = (ElemType * )malloc(LIST_SIZE * sizeof(ElemType));
    L.length = 0;
    L.listsize = LIST_SIZE;
}
int Bsearch(Sqlist &L,int left,int right,int key)
{
    int s = left, t = right,mid;
    if(s<=t)
    {
        mid = left+(right-left)/2;
        if(L.elem[mid] == key)
            return mid+1;
        else if(L.elem[mid] > key)
            return Bsearch(L,left,mid-1,key);
        else
            return Bsearch(L,mid+1,right,key);
    }
    return -1;
}
int main()
{
    int n, m, i,t,ans;
    Sqlist L;
    InitialList(L);
    scanf("%d",&n);
    L.length = n;
    for(i = 0;i<L.length;i++)
        scanf("%d",&L.elem[i]);
    scanf("%d",&m);
    while(m--)
    {
        scanf("%d",&t);
        ans = Bsearch(L,0,L.length-1,t);
        if(ans==-1)
            printf("No Found! \n");
        else
            printf("%d\n",ans);
    }
    return 0;
}
```

12.3　相关拓展

12.3.1　顺序表的并集和交集

1.题目描述

给出两个顺序表 A 和 B,求出它们的并集和交集。

Input

第一行输入表 A 的长度 n 和表 B 的长度 m。

接下来输入 n 个表 A 的元素后,再输入 m 个表 B 的元素。

Output

第一行输出并集;

第二行输出交集。

Sample Input

5 2

1 2 3 4 5

2 6

Sample Output

1 2 3 4 5 6

2

2.题目分析

集合的并集即在第二个集合中找出与第一个集合的相异元素,将其插入第一个集合中,集合的交集是找出两个集合的相同元素将其存放于第三个集合中。

3.参考程序

```c
#include<stdio.h>
#include<stdlib.h>
typedef struct
{
    int * array;
    int length;
}List;
int isExist(List src, int tmp)
{
    int i = 0;
    while (i < src.length)
    {
        if (src.array[i] == tmp)
            break;
        i++;
    }
```

```
        if (i == src.length)
            return 0;
        return 1;
}


List unionList(List src1, List src2)
{
        List des;
        int i;
        des.array = (int * )malloc(sizeof(int) * (src1.length + src2.length));
        des.length = 0;
        for (i = 0;i < src1.length;++i)
        {
            if (! isExist(des, src1.array[i]))
            {
                des.array[des.length] = src1.array[i];
                des.length++;
            }
        }
        for (i = 0;i < src2.length;++i)
        {
            if (! isExist(des, src2.array[i]))
            {
                des.array[des.length] = src2.array[i];
                des.length++;
            }
        }
        return des;
}


List sectionList(List src1, List src2)
{
        List des;
        int i;
        int len = src1.length < src2.length ? src1.length : src2.length;
        des.array = (int * )malloc(sizeof(int) * (len));
        des.length = 0;
        for (i = 0;i < src2.length;i++)
        {
            if (isExist(src1, src2.array[i]) && ! isExist(des, src2.array[i]))
            {
                des.array[des.length] = src2.array[i];
                des.length++;
```

```
        }
    }
    return des;
}
int main()
{
    List A,B;
    int n,m;
    int a[1001],b[1001];
    scanf("%d%d",&n,&m);
    for(int i =0 ; i< n ;i ++)
    {
        scanf("%d",&a[i]);
    }
    for(int i =0 ; i< m ;i ++)
    {
        scanf("%d",&b[i]);
    }
    A.array = a;
    A.length = n;
    B.array = b;
    B.length = m;
    List x = unionList(A, B);
    List y = sectionList(A, B);
    for (int i = 0;i < x.length;i++)
        printf("%d ", x.array[i]);
    printf("\n");
    for (int i = 0;i < y.length;i++)
        printf("%d ", y.array[i]);
    return 0;
}
```

12.3.2 以 x 为界

1.题目描述

有一个顺序表 A,将其顺序表重新排序,以 x 作为划分的界限,前一部分比 x 小,后一部分比 x 大。

Input

第一行输入表长度为 n。

第二行输入 n 个表 A 元素。

第三行输入界限 x。

Output

输出经重新划分后的顺序表 A。

Sample Input

5

1 2 4 5 6

3

Sample Output

2 1 4 5 6

2.题目分析

本题对以 x 为界划分成两个部分后的每一个部分内部并未要求有序,对顺序表遍历与 x 进行比较找到符合要求的元素则将其前置。

3.参考程序

```c
#include <stdio.h>
#include <stdlib.h>
#define MAXSIZE 100
typedef int datatype;
typedef struct
{
    datatype a[MAXSIZE];
    int size;
}sequence_list;

int function(sequence_list * L,int x)
{
    int i,j;
    datatype y;
    for(i=1;i<L->size;i++)
    {
        if(x>L->a[i])//找到比 x 大的元素
        {
            y=L->a[i];
            for(j=i;j>0;j--)//将第 i 号元素之前的元素后移,腾出位置
                L->a[j]=L->a[j-1];
            L->a[0]=y;
        }
    }
}
int main()
{
    int a;
    sequence_list L;
    int n;
```

```
        scanf("%d",&n);
        L.size=n;
        for(int i=0;i<n;i++)
        {
            scanf("%d",&a);
            L.a[i]=a;
        }
        int m;
        scanf("%d",&m);
        function(&L,m);
        for(int i=0;i<n;i++)
            printf("%d ",L.a[i]);
        return 0;
}
```

实验 13　队　列

13.1　实验目的

1.掌握队列的存储结构及其基本操作的实现,并能根据应用问题的需要选择合适的数据结构,灵活运用队列特性,综合运用程序设计、算法分析等知识解决实际问题;

2.掌握循环顺序队列存储方式的类型定义,掌握循环顺序队列的基本运算的实现。

13.2　实例分析

1.题目描述

编写一个程序,反映病人到医院看病,排队看医生的情况。在病人排队过程中,主要重复两件事:

(1)病人到达诊室,将病历本交给护士,在等待队列中候诊。

(2)护士从等待队列中取出下一位病人的病历,该病人进入诊室就诊。

要求模拟病人等待就诊这一过程。程序采用菜单方式,其选项及功能说明如下:

(1)排队——输入排队病人的病历号,加入病人排队队列中。

(2)就诊——病人排队队列中最前面的病人就诊,并将其从队列中删除。

(3)查看排队——从队首到队尾列出所有的排队病人的病历号。

(4)不再排队,余下依次就诊——从队首到队尾列出所有排队病人的病历号,并退出运行。

(5)下班——退出运行,提示未就诊的病人明天再来。

Input

输入病人需求情况。

Output

病人需求结果回应。

2.题目分析

本例题采用单链表模拟排队队列,每个节点存储病人的排队信息,可以通过分支选择结构实现对就诊队列的不同操作。(本例题可以使用循环链表模拟就诊队列优化设计,节省存储空间)

3.参考程序

```
#include <stdio.h>
#include <malloc.h>
typedef struct Node
{
    int data;
    struct Node * next;
}Node;
typedef struct
{
    Node * front, * rear;
}QuType;
void SeeDoctor()
{
    int sel,flag=1,find,n;
    QuType * q;
    Node * p;
    q=(QuType * )malloc(sizeof(QuType));    //创建空队
    q->front=q->rear=NULL;
    while(flag==1)
    {
        printf("1:排队 2:就诊 3:查看排队 4:不再排队,余下依次就诊 5:下班 请选择:");
        scanf("%d",&sel);
        switch(sel)
        {
            case 1:
                printf("输入病历号:");
                do
                {
                    scanf("%d",&n);
                    find=0;
                    p=q->front;
                    while(p! =NULL&&! find)
                    {
                        if(p->data==n)
                            find=1;
                        else
                            p=p->next;
```

```
            }
        if(find)
            printf("输入的病历号重复,重新输入:");
    }
    while(find==1);
    p=(Node *)malloc(sizeof(Node));  //创建节点
    p->data=n;
    p->next=NULL;
    if(q->rear==NULL)  //第一个病人排队
    {
        q->front=q->rear=p;
    }
    else
    {
        q->rear->next=p;
        q->rear=p;      //将 *p 节点入队
    }
    break;
case 2:
    if(q->front==NULL)  //队空
        printf("没有排队的病人! \n");
    else
    {
        p=q->front;
        printf("病人%d 就诊\n",p->data);
        if(q->rear==p)      //只有一个病人排队的情况
        {
            q->front=q->rear=NULL;
        }
        else
            q->front=p->next;
        free(p);
    }
    break;
case 3:
    if(q->front==NULL)  //队空
        printf("没有排队的病人! \n");
    else
    {
        p=q->front;
        printf("排队病人:");
        while(p! =NULL)
        {
```

```
                    printf("%d",p->data);
                    p=p->next;
                }
                printf("\n");
            }
            break;
        case 4:
            if(q->front==NULL)   //队空
                printf("没有排队的病人！\n");
            else
            {
                p=q->front;
                printf("病人按以下顺序就诊:");
                while(p! =NULL)
                {
                    printf("%d",p->data);
                    p=p->next;
                }
                printf("\n");
            }
            flag=0;
            break;
        case 5:
            if(q->front! =NULL)   //队不为空
                printf("请排队的病人明天就医！\n");
            flag=0;
            break;
        }
    }
}
void main()
{
    SeeDoctor();
}
```

13.3 相关拓展

13.3.1 循环队列

1.题目描述

C 语言的队列(queue),是先进先出(FIFO,First-In-First-Out)的线性表数据结构。在具体应用中通常用链表或者数组来实现。队列只允许在后端(称为 rear)进行插入操作,在前端(称为 front)进行删除操作。循环队列可以防止伪溢出的发生,但是队列大小是固定的。

2.题目分析

循环队列的节点含有双向指针,在进行操作时需注意两个指针必须赋值。

3.参考程序

```
//队列的顺序存储结构(循环队列)
#define MAX_QSIZE 5 //最大队列长度+1
typedef struct
{
    QElemType * base; //初始化的动态分配存储空间
    int front; //头指针,若队列不空,指向队列头元素
    int rear; //尾指针,若队列不空,指向队列尾元素的下一个位置
}SqQueue;
//循环队列的基本操作(9个)
void InitQueue(SqQueue * Q)
{ //构造一个空队列 Q
    Q->base=malloc(MAX_QSIZE * sizeof(QElemType));
    if(! Q->base) //存储分配失败
    exit(OVERFLOW);
    Q->front=Q->rear=0;
}
void DestroyQueue(SqQueue * Q)
{ //销毁队列 Q,Q 不再存在
    if(Q->base)
    free(Q->base);
    Q->base=NULL;
    Q->front=Q->rear=0;
}
void ClearQueue(SqQueue * Q)
{ //将队列 Q 清为空队列
    Q->front=Q->rear=0;
}
Status QueueEmpty(SqQueue Q)
{ //若队列 Q 为空队列,则返回 TRUE;否则返回 FALSE
    if(Q.front==Q.rear) //队列空的标志
        return TRUE;
    else
        return FALSE;
}
int QueueLength(SqQueue Q)
{ //返回 Q 的元素个数,即队列的长度
    return(Q.rear-Q.front+MAX_QSIZE)%MAX_QSIZE;
```

```
}
Status GetHead(SqQueue Q,QElemType * e)
{ //若队列不为空,则用 e 返回 Q 的队头元素,并返回 OK;否则返回 ERROR
    if(Q.front==Q.rear) //队列空
        return ERROR;
    * e=Q.base[Q.front];
        return OK;
}

Status EnQueue(SqQueue * Q,QElemType e)
{ //插入元素 e 为 Q 的新的队尾元素
    if((Q->rear+1)%MAX_QSIZE==Q->front) //队列满
        return ERROR;
    Q->base[Q->rear]=e;
    Q->rear=(Q->rear+1)%MAX_QSIZE;
    return OK;
}

Status DeQueue(SqQueue * Q,QElemType * e)
{ //若队列不为空,则删除 Q 的队头元素,用 e 返回其值,并返回 OK;否则返回 ERROR
    if(Q->front==Q->rear) //队列空
        return ERROR;
    * e=Q->base[Q->front];
    Q->front=(Q->front+1)%MAX_QSIZE;
        return OK;
}
void QueueTraverse(SqQueue Q,void( * vi)(QElemType))
{ //从队头到队尾依次对队列 Q 中每个元素调用函数 vi()
    int i;
    i=Q.front;
    while(i! =Q.rear)
    {
        vi(Q.base[i]);
        i=(i+1)%MAX_QSIZE;
    }
    printf("\n");
}
```

14.1 实验目的

1.熟练掌握栈的结构特点及其基本操作的实现;

2.理解栈满和栈空的判断条件及描述方法;

3.理解栈和队列的应用与作用,综合运用程序设计、算法分析等知识解决实际问题。

14.2 实例分析

14.2.1 五子棋游戏的悔棋与复盘

1.题目描述

在前面设计好的五子棋游戏的基础上进一步添加悔棋和复盘的功能,实现下棋双方可以选择悔棋的步数后,撤销前面双方已下的选定步数后继续下棋,复盘则将以前下的步数全部销毁。

2.题目分析

五子棋底层是一个二维数组,假如数组的值 * 表示黑棋,o 表示白棋,－－表示未下棋,& 表示最后下的那颗黑棋,@表示最后下的那颗白棋,要悔棋就将 & 或 @ 取消即可,这种方法只能悔一步棋;如果要悔多步棋,则需要利用下棋和悔棋有先入后出、后入先出的特性,而栈恰好就满足这个特性,因此底层用一个栈存入每次下棋的坐标,每走一步就入栈(把当前步数的棋子坐标存入),悔棋就出栈(得到上次走棋的坐标),把对应的二维数组的值进行修改以清除棋子,另外还要考虑下棋人的顺序,需要根据当前下棋人的顺序,变更进、出栈顺序。复盘对应于栈的清空,二维数组全部初始化。

3.参考程序

```
#include<stdio.h>
#include <string.h>
#include <conio.h>
#define PLUS 0
#define MINUS 1
#define POWER 2
#define DIVIDE 3
#define LEFTP 4
#define RIGHP 5
```

```
#define STARTEND 6
#define DIGIT 7
#define POINT 8
#define NUM 7
#define NO 32767
#define STACKSIZE 20
char a[]={'+','-','*','/','(',')','#'};
int PriorityTable[7][7]={
    { 1, 1,-1,-1,-1, 1, 1},
    { 1, 1,-1,-1,-1, 1, 1},
    { 1, 1, 1, 1,-1, 1, 1},
    { 1, 1, 1, 1,-1, 1, 1},
    {-1,-1,-1,-1,-1, 0, NO},
    { 1, 1, 1, 1,NO, 1, 1},
    {-1,-1,-1,-1,-1,NO, 0}};
int menu(void);


void InputExpression(char str[])
{
    int len;
    printf("请输入算术表达式:\n");
    scanf("%s",str);
    len=strlen(str);
    str[len]='#';
    str[len+1]='\0';
}
int GetCharType(char ch)
{
    int i;
    for(i=0; i<NUM; i++)if(ch==a[i])return(i);
    if(ch>='0' && ch<='9')return(DIGIT);
    if(ch=='.')return(POINT);
    return(-1);
}
double Operate(double a,int theta,double b)
{
    double x;
    switch(theta)
    {
        case 0: x=a+b;break;
        case 1: x=a-b;break;
        case 2:x=a*b;break;
        case 3: x=a/b;break;
```

```
    }
    return (x);
}
int EXCUTE(char * str,double * Result)
{
    int pp,strlength,topTr,topNd,CharType,OPTR[STACKSIZE];
    double number,temp,OPND[STACKSIZE];
    OPTR[0]=STARTEND;
    topTr=1;
    topNd=0;
    pp=0;
    while((str[pp]))
    {
        CharType=GetCharType(str[pp]);
        switch(CharType)
        {
            case -1:        return(0);
            case DIGIT:   number=0;
                while(str[pp]>='0'&&str[pp]<='9')
                {
                number=number * 10+(str[pp]-48);
                pp++;
                }
                if(str[pp]=='.')
                {
                    temp=10.0;
                    pp++;
                    while(str[pp]>='0'&&str[pp]<='9')
                    {
                        number=number+(str[pp]-48)/temp;
                        temp=temp * 10;
                        pp++;
                    }
                }
                    OPND[topNd]=number;
                    topNd++;
                    break;
            case POINT:
                number=0;
                temp=10.0;
                pp++;
                while(str[pp]>='0'&&str[pp]<='9')
                {
```

```
            number＝number＋(str[pp]－48)/temp;
            temp＝temp * 10;
            pp＋＋;
        }
        OPND[topNd]＝number;
        topNd＋＋;
        break;
case PLUS:
case MINUS:
case POWER:
case DIVIDE:
        if(PriorityTable[OPTR[topTr－1]][CharType]＝＝－1)
        {
        OPTR[topTr]＝CharType;
        topTr＋＋;
        pp＋＋;
        }
        else
        {
OPND[topNd－2]＝Operate(OPND[topNd－2],OPTR[topTr－1],OPND[topNd－1]);
            topNd－－;
            topTr－－;
        }
        break;
case LEFTP:
        OPTR[topTr]＝CharType;
        topTr＋＋;
        pp＋＋;
        break;
case RIGHP:
        while(OPTR[topTr－1]!＝LEFTP)
        {
            if(OPTR[topTr－1]＝＝STARTEND)return(0);
            if(PriorityTable[OPTR[topTr－1]][CharType]＝＝1)
            {
            OPND[topNd－2]＝Operate(OPND[topNd－2],OPTR[topTr－1],OPND
[topNd－1]);
                topNd－－;
                topTr－－;
            }
            else
```

```
                        break;
                }
                topTr--;
                pp++;
                break;
            case STARTEND:
                while(OPTR[topTr-1]! =STARTEND)
                {
OPND[topNd-2]=Operate(OPND[topNd-2],OPTR[topTr-1],OPND[topNd-1]);
                    topNd--;
                    topTr--;
                }
                if(topNd==1)
                {
                    * Result=OPND[0];
                    return(1);
                }
                else
                return(0);
        }
    }
    return(1);
}
void main()
{
    int num,flag;
    double result;
    char str[256];
    str[0]='0';
    while(1)
    {
        num=menu();
        switch(num)
        {
        case 1:
            InputExpression(str);
            flag=0;
            printf("%s\n",str);
            getchar();
            break;
        case 2:
```

```
            if(str[0]=='0')
            {
                    printf("表达式为空!");
                    getchar();
                    break;
            }
            if(! EXCUTE(str,&result))
            {
                    printf("表达式有错! \n");
                    getchar();
            }
            else
            {
                    printf("计算结束! \n");
                    getchar();
                    flag=1;
            }
            break;
        case 3:
            if(flag)
            {
                    printf("#%s=%lf\n",str,result);
                    getchar();
            }
            break;
        case 4:
            break;
        }
            if(num==4)break;
        }
    }
int menu(void)
{
    int num;
    printf(" * ————————1——输入表达式—————————— * \n",' ');
    printf(" * ————————2——计算表达式————————— * \n",' ');
    printf(" * ————————3——输出结果—————————— * \n",' ');
    printf(" * ————————4——退出——————————— * \n",' ');
    printf(" * ———————请选择操作 1,2,3,4————————:");
    do { scanf("%d",&num);}
```

```
    while(num<1 || num>4);
    return(num);
}
```

14.2.2　算术表达式计算

1.题目描述

从键盘输入一个算术表达式并输出它的结果,算术表达式可包含加、减、乘、除、十进制整数和小括号,可以利用栈实现。

2.题目分析

表达式作为一个串存储,如表达式"3∗2－(4＋2∗1)",其求值过程为:自左向右扫描表达式,当扫描到 3∗2 时不能马上计算,因后面可能还有更高的运算。正确的处理过程是:需要对象栈 OPND 和运算符栈 OPTR;自左至右扫描表达式,若当前字符是运算对象,入OPND 栈;若这个运算符比栈顶运算符高则入栈,继续向后处理,若这个运算符比栈顶运算符低则从 OPND 栈出栈两个数,从 OPTR 栈出栈运算符进行运算,并将其运算结果入OPND 栈,继续处理当前字符,直到遇到结束符。

3.参考程序

```
#include<stdio.h>
#include<malloc.h>      //包含有 exit()函数
#include<stdlib.h>       //包含 isdigit()函数
#include<ctype.h>        //定义 DataType()函数
typedef int DataType;
#include"LinStack.h"

int PostExp(char str[])   //借助堆栈计算后缀表达式 str 的值
{
    DataType x,x1,x2;
    int i;
    LsNode ∗ head;        //定义头指针变量 head
    StackInitiate(&head);   //初始化链式堆栈 head
    for(i=0;str[i]! =#;i++)   //循环直到输入为#
    {
        if(isdigit(str[i]))   //当 str[i]为操作数时
        {
            x=(int)(str[i]-48);   //转换成 int 类型数据存于变量 x 中
            StackPush(head,x);     //x 入栈
        }
        else                 //当 str[i]为运算符时
        {
            StackPop(head,&x2);   //退栈的操作数,存于变量 x2 中
            StackPop(head,&x1);   //退栈的被操作数,存于变量 x1 中
```

```
        switch(str[i])          //执行 str[i]所表示的运算
        {
            case '+':
            {
                x1+=x2; break;
            }
            case '-':
            {
                x1-=x2; break;
            }
            case '*':
            {
                x1*=x2; break;
            }
            case '/':
            {
                if(x2==0.0)
                {
                    printf("除数为 0 错误！\n");
                    exit(0);
                }
                else
                {
                    x1/=x2;
                    break;
                }
            }
        }
        StackPush(head,x1);      //运算结果入栈
    }
    }
    StackPop(head,&x);      //得到计算结果存于 x
    return x;               //返回计算结果
}


void main()
{
    char str[]="3642/-5*+#";
    int result;
    result=PostExp(str);
    printf("后缀算术表达式计算结果为:%d",result);
}
```

14.2.3 后缀表达式

1.题目描述

将一个算术表达式转化成后缀表达式(逆波兰式)并输出。

Input

输入一个后缀表达式,以#结尾。

Output

输出后缀表达式.

Sample Input

(a+b)*c-e/f#

Sample Output

a b + c * e f / -

2.题目分析

将一个普通的中序式转换为逆波兰式的一般算法是:首先需要分配 2 个栈,一个作为临时存储运算符的栈 S1(含一个结束符号),另一个作为输入逆波兰式的栈 S2(空栈)。S1 栈可先放入优先级最低的运算符#,注意中缀式应以此最低优先级的运算符结束,可指定其他字符,不一定非#不可。从中缀式的左端开始取字符,顺序进行如下步骤:

(1)若取出的字符是操作数,则分析出完整的运算数,该操作数直接送入 S2 栈。

(2)若取出的字符是运算符,则将该运算符与 S1 栈栈顶元素做比较,如果该运算符优先级(不包括括号运算符)高于 S1 栈栈顶运算符优先级,则将该运算符送入 S1 栈,否则将 S1 栈的栈顶运算符弹出,送入 S2 栈中,直至 S1 栈栈顶运算符低于(不包括等于)该运算符优先级,最后将该运算符送入 S1 栈。

(3)若取出的字符是"(",则直接送入 S1 栈栈顶。

(4)若取出的字符是")",则将距离 S1 栈栈顶最近的"("之间的运算符,逐个出栈,依次送入 S2 栈,此时抛弃"("。

(5)重复上面的(1)~(4)步,直至处理完所有的输入字符。

(6)若取出的字符是"#",则将 S1 栈内所有运算符(不包括"#")逐个出栈,依次送入 S2 栈。

完成以上步骤,S2 栈便为逆波兰式输出结果,然后将 S2 栈做逆序处理。

3.参考程序

```
#include <iostream>
#include <cstdio>
#include <cstring>
#include <cstdlib>
#include <cmath>
#include <algorithm>
using namespace std;
int function(char c)
    {
```

```
    if(c == '+'||c == '-')return 1;
    if(c == '*'||c =='/')return 2;
    if(c == '(')   return 3;
    if(c == ')')   return 4;
    return 0;
}
int main()
{
    int top = 0;
    char c = 0, stack[100];
    while(scanf("%c", &c), c! ='#')
    {
        if(c >= 'a'&&c <= 'z')//判断字符是不是运算符
        {
            printf("%c ", c);
        }
        else
        {
            if(top == 0)//判断该栈是不是为空,如果是,则直接入栈
            {
                top++;
                stack[top] = c;
            }
            else
                if(function(c)>= function(stack[top]))
                {
                    if(function(c)== 4)
                    {
                        while(stack[top] ! = '(')
                        {
                            printf("%c ", stack[top--]);
                        }
                        top--;
                    }
                    else
                    {
                        top++;
                        stack[top] = c;
                    }
                }
                else
                {
                    if(stack[top] ! = '('
```

```
            {
                printf("%c ", stack[top]);
                stack[top] = c;
            }
            else
            {
                top++;
                stack[top] = c;
            }
        }
    }
    while(top ! = 0)
    {
        printf("%c ", stack[top]);
        top--;
    }
    printf("\n");
    return 0 ;
}
```

14.2.4 出栈序列

1.题目描述

输入两个个数为 n 的序列,第一个是一个压栈序列,此时需要判断第二个序列是否为其
出栈序列。如果是则输出"Yes",否则输出"No"。

Input

第一行输入两个序列的个数 n(n< 100 000),接下来的两行输入两个序列。

Ouput

判断第二个序列是否为其出栈序列。如果是则输出"Yes",否则输出"No"。

Sample Input

5

1 2 3 4 5

5 3 2 1 4

Sample Output

No

2.题目分析

借用一个辅助栈,遍历压栈顺序,先将第一个元素放入栈中,然后判断栈顶元素是不是
出栈顺序的第一个元素,若不是,则继续压栈,直到相等以后开始出栈。每出栈一个元素,则
将出栈顺序向后移动一位,直到不相等,压栈顺序遍历完成,如果辅助栈还不为空,说明弹出
序列不是该栈的弹出顺序。

举例：

入栈 1,2,3,4,5

出栈 4,5,3,2,1

首先 1 入辅助栈,此时栈顶 $1 \neq 4$,继续入栈 2;

此时栈顶 $2 \neq 4$,继续入栈 3;

此时栈顶 $3 \neq 4$,继续入栈 4;

此时栈顶 $4 = 4$,出栈 4,弹出序列向后移一位,此时为 5,辅助栈里面是 1,2,3;

此时栈顶 $3 \neq 5$,继续入栈 5;

此时栈顶 $5 = 5$,出栈 5,弹出序列向后移一位,此时为 3,辅助栈里面是 1,2,3;

……

依次执行,最后辅助栈为空。如果不为空说明弹出序列不是该栈的弹出顺序。

3.参考程序

```cpp
#include <stack>
using namespace std;
const int maxn = 100001;
bool IsStackPopOrder(int * pushorder,int * poporder,int len)
{
        bool isorder = false;
        if(pushorder! = NULL && poporder ! = NULL && len > 0)
    {
        stack<int> s;
        int * pnextpush = pushorder;
        int * pnextpop = poporder;
        while((pnextpop - poporder) < len)
        {
            while(s.empty()||s.top()! = * pnextpop)
            {
                if((pnextpush - pushorder) == len)break;
                s.push( * pnextpush);
                pnextpush++;
            }
            if (s.top() == * pnextpop)
            {
                s.pop();
                pnextpop++;
            }
            else break;
        }
        if ((pnextpop - poporder) == len && s.empty())
            isorder = true;
    }
```

```
    return isorder;
}
int main()
{
    int n;
    cin>>n;
    int array1[maxn],array2[maxn];
    for(int i = 0 ;i < n ;i ++)
        cin >> array1[i];
    for(int i = 0 ;i < n ;i ++)
        cin >> array2[i];
    if(IsStackPopOrder(array1,array2,n))
        cout<<"Yes";
    else
        cout<<"No";
}
```

14.2.5　进制转换

1.题目描述

输入一个十进制数,将其转换成对应的 R 进制数,并输出。

Input

第一行输入要转换的十进制数;

第二行输入 R。

Output

输出转换后的 R 进制数。

Sample Input

2019

4

Sample Output

133203

2.题目分析

将十进制数对 R 取余运算所得结果入栈,然后执行出栈操作即可得到结果。

3.参考程序

```
#include<iostream>
#include <stack>
using namespace std;
int main()
{
    stack <int> s;
    int r,m;
```

```
        cin>>m>>r;
        if(m==0)
        cout<<"0";
        for(;m>0;m=m/r)
        {
            s.push(m%r);
        }
        for(;s.size()!=0;)
        {
            cout<<s.top();
            s.pop();
        }
        cout<<endl;
        return 0;
}
```

14.3　相关拓展

14.3.1　小括号表达式

1.题目描述

请编写一个程序检查表达式中的左、右括号是否匹配,若匹配,则返回"YES";否则返回"NO"。

Input

每输入一个表达式用♯来表示表达式输入结束,表达式长度应小于 255 个字节,左括号应少于 20 个。

Output

匹配输出"YES",否则输出"NO"。

Sample Input

(12+32)*(23-42)+23♯

Sample Output

YES

2.题目分析

扫描输入的表达式,若为左括号则入栈,若为右括号则出栈一个左括号,直至输入结束,再根据栈中元素的情况判断是否匹配。

3.参考程序

```
♯include<stack>
♯include<iostream>
♯include<cstdio>
using namespace std;
```

```
stack<char> zhan;
int main()
{
    char input;
    while(scanf("%c",&input)&&input!='#')
    {
        if(input=='(')zhan.push(input);//入栈
        if(input==')')
        {
            if(zhan.empty())
                {
                    printf("NO\n");
                    return 0;
                }
            zhan.pop();//出栈
        }
    }
    if(zhan.empty())
        printf("YES\n");
    else
        printf("NO\n");
    return 0;
}
```

14.3.2 仓库搬运

1.题目描述

在仓库搬运东西的时候,通常情况下要记录货品的进出情况。现在有三种操作:

操作 1(表示方法:0X)为搬入情况,并且记录该货品的重量。操作 2(表示方法:2)为搬出操作。搬入和搬出的规则为先进后出,即每次搬出的 x 是当前在仓库里所有货品中最晚入库的。操作 3(表示方法:3)查询操作,此时会返回当前仓库中最大货品的重量。

Input

第一行输入 1 个正整数 N(0<N<=200000)代表操作的总数。接下来的 N 行输入三种操作的一种,当仓库为空时,输出 0。

Output

输出每行为一个正整数,表示查询结果。

Sample Input

13

0 1

0 2

2

0 4

0 2

2

1

2

1

1

2

1

2

Sample Output

24410

2.题目分析

可考虑设计两个栈 a、b,其中 a 模拟仓库存储货品,b 用于存储重量最大的货品。出、入库和查询操作均由出、入栈操作模拟实现。

3.参考程序

```cpp
#include<iostream>
#include<stack>
using namespace std;
stack<int>a;
stack<int>b;
int n,m,x;
int main()
{
    scanf("%d",&n);
    while(n--)
    {
        scanf("%d",&m);
        if(m==0)//入库操作
        {
            scanf("%d",&x);
            a.push(x);
            if(b.empty()||x>b.top())
                b.push(x);
            else
            b.push(b.top());
        }
        else
        if(m==1)//出库操作
        {
            a.pop();
            b.pop();
```

```
        }
        else
        {
            if(b.empty())
                printf("0\n");
            else
                printf("%d\n",b.top());
        }
    }
    return 0;
}
```

实验 15 并查集

15.1 实验目的

1.掌握并查集的查找和合并集合元素的算法；

2.灵活运用并查集算法解决实际问题。

15.2 实例分析

15.2.1 流行性病毒

1.题目描述

一种流行性病毒正在某所学校的学生之间传播，这个学校有很多社团，一个学生可以同时加入几个社团。我们现在收集了各个社团的感染情况，一个社团中一旦有一个可能的患者，社团内的所有成员都有可能感染。现在需要找到所以有可能的感染者。

Input

本题多组输入，对于每组测试数据：

第一行输入两个整数分别表示学生数目 n 和社团数目 m($0 < n <= 30\ 000, 0 <= m <= 500$)。

每个学生编号是一个 0～n−1 的整数，一开始只有 0 号学生被视为可能的感染者，其后的是社团的成员列表，每组一行。

每一行有一个整数成员数目 k（用 k 个整数代表这个群体的学生）。每一行中的所有整数用至少一个空格隔开。

当 n = m = 0，输入结束。

Output

对于每组测试数据，输出一行可能的感染者。

Sample Input

100 4   //共 100 名学生，4 个社团

2 1 2   //2 名学生，编号分别为 1 号和 2 号

5 10 13 11 12 14   //5 名学生，编号分别为 10 号、13 号、11 号、12 号、14 号

2 0 1

2 99 2

200 2

1 5

5 1 2 3 4 5

1 0

0 0

Sample Output

4

1

1

2.题目分析

并查集就是将集合内属于同一子集的元素归并到共同的祖先,完成这一过程,需要先查后并,即先查找待并元素的祖先节点,然后逐步将在同一子集内的元素归并到一个共同的祖先。本例题中假定 0 号元素为起始感染者。

3.参考程序

```
#include<iostream>
#include<algorithm>
#include<cmath>
#include<cstdio>
#include<map>
#include<set>
#include<queue>
#include<stack>
#include<vector>
#include<math.h>
#define eps 1e-6
#define INF 0x3f3f3f3f
using namespace std;
int n,m;
int father[30010];

int Find(int x)//查找 x 的祖先节点
{
    while(x! =father[x])//直至 x= father[x],则 father[x]为 x 的祖先节点
        x=father[x];
    return x;
}
void Union(int a,int b)
{
    int fa=Find(a);
    int fb=Find(b);
    if(fa! =fb)//若 a、b 的祖先不相同,则将 a 的祖先 fa 的父节点置为 b 的父节点,此时 a 和 b
//具有共同的祖先节点 fb
    {
```

```
            father[fa]=fb;
        }
    }


void init()//初始状态
{
    for(int i=0;i<30010;i++)
    {
        father[i]=i;
    }
}


int main()
{
    while(scanf("%d%d",&n,&m)!=EOF)
    {
        init();
        if(n==0&&m==0)break;
        while(m--)
        {
            int k;
            scanf("%d",&k);//社团内共有 k 个人
            int a,b;
            scanf("%d",&a);
            for(int i=1;i<k;i++)//输入其余 k-1 个人的编号,将这 k 个人归并到共同的祖先
            {
                scanf("%d",&b);
                Union(a,b);
                a=b;
            }
        }
        int r=Find(0);
        int ans=0;
        for(int i=0;i<n;i++)//遍历所有节点,若与节点 0 有共同祖先节点,则人数加 1
            if(Find(i)==r)
                ans++;
        printf("%d\n",ans);
    }
    return 0;
}
```

15.2.2 皇家学校修马路

1.题目描述

皇家学校暑期正在进行道路施工,施工队伍有张表列出了每条路直接连通的教学楼情况。学校想要实现任意两个教学楼之间都可以有路,请问最少还需要建多少条道路?

Input

本题为多组输入。每组数据第 1 行给出教学楼数目 n(n＜1000)和马路数目 m;接下来的 m 行对应 m 条路,每行给出一对正整数,分别是该条路直接连通的两个教学楼的编号。注意:两个教学楼之间可以有多条路相通。

当 n 为 0 时,输入结束。

Output

输出最少还需要建多少条路。

Sample Input

4 2

1 3

4 3

3 3

1 2

1 3

2 3

5 2

1 2

3 5

999 0

0

Sample Output

1

0

2

998

2.题目分析

初始假定 n 栋楼两两之间全部连通,共需 n−1 条路,每输入一条路径表明该路径连接的两栋教学楼的祖先节点之间也是可以连通的,则原来此两个祖先节点的连通路径可以去掉,路径总数可以减少 1,需要查找输入路径两个端点的父节点。

3.参考程序

```c
#include <stdio.h>
int pre[5005];
int unionfind(int root)
```

```
{
    int son,tmp;
    son = root;
    while(pre[root]! =root)
            root=pre[root];
    while(son! =root)
    {
        tmp=pre[son];
        pre[son]=root;
        son=tmp;
    }
    return root;
}
int main()
{
    int n,m;
    int total;
    while(scanf("%d%d",&n,&m)&&n)   //n栋楼 m 条路
    {
        for(int i=1;i<=n;i++)//将 n 栋楼父节点初始化
            pre[i]=i;
        total=n-1;//n 栋楼之间全部连接需 n-1 条路
        while(m--)
        {
            int x,y,k,j;
            scanf("%d%d",&k,&j);//k、j 之间有路相连,且 k、j 的父节点 x、y 不相同,则说明 x、
//y 之间可以经由 kj 相通,因此通路总数可以减少 1
            x=unionfind(k);
            y=unionfind(j);
            if(x! =y)
            {
                pre[x]=y;
                total--;
            }
        }
        printf("%d\n",total);
    }
    return 0;
}
```

15.2.3 信仰

1.题目描述

某国际性大学里有 n 个学生(0 <n <= 20 000),每个学生都有自己的信仰,自己喜欢

的宗教。为了避免触犯到他人,我们选择 m(0 <= m <= n(n-1)/ 2)对学生并询问他们是否相信同一信仰。现在我们大概了解到校园中可能有多少种不同的信仰。假设每个学生最多只能有一种信仰。求该大学共有多少种不同的信仰。

Input

本题为多组输入。每组输入数据第一行为学生数 n 和 m 对询问数目。接下来的 m 行每行包含两个学生 i 和 j,他们相信同一信仰。

当 n = m =0,输入结束。

Output

第 i 组测试案例先输出 Case i;

在每个 Case i 后加入一个冒号,再输出信仰的最大数量。

Sample Input

10 9

1 2

1 3

1 4

1 5

1 6

1 7

1 8

1 9

1 10

10 4

2 3

4 5

4 8

5 8

0 0

Sample Output

Case 1：1

Case 2：7

2.题目分析

将有共同信仰的元素归并,但本例可以将同一子集的元素置为共同祖先,也可以只将同一子集内的相邻的两个元素置为有父子关系即可,并查操作完成后再遍历每个元素的父节点情况,统计出满足条件的祖先节点个数。

3.参考程序

#include＜cstdio＞

#include＜cstring＞

#include＜iostream＞

```
using namespace std;

int pre[50005];
int find(int x)
{
    if(pre[x]==-1)return x;
    else return find(pre[x]);
}

int join(int a,int b)
{
    int x=find(a);
    int y=find(b);
    if(x! =y)
    {
        pre[x]=y;
    }
}
int main()
{
    int n,m,iCase=0;
    while(cin>>n>>m)// n名学生询问 m 对
    {
        if(n==0&&m==0)
            break;
        iCase++;
        memset(pre,-1,sizeof(pre));//初始化所有元素的父节点为-1
        while(m--)//将与 v 有共同信仰的元素 u 的父节点置为 v
        {
            int u,v;
            cin>>u>>v;
            join(u,v);
        }
        int sum=0;
        for(int i=1;i<=n;i++)//遍历每一位,只有祖先为-1的元素计入一种信仰
        {
            if(pre[i]==-1)
            {
                sum++;
            }
        }
        printf("Case %d: %d\n",iCase,sum);
    }
```

```
    return 0;
}
```

15.2.4　体育馆安排座位

1.题目描述

在一个体育馆内,有 300 列环型座位(顺时针从 1 开始编号),假定每一列有无数个座位,现在想为 N 个人预订座位,A、B、X 表示 B 的座位在 A 的座位顺时针第 X 个座位,对于若干组 A、B、X,问与前面的预定有冲突的个数。

Input

本题多组输入。

每组输入数据,第一行输入 N(1 <= N <= 50 000)和 M(0 <= M <= 100 000),接下来的 M 行,每行有 3 个整数 A(1 <= A <= N),B(1 <= B <= N),X(0 <= X < 300)。(A! = B),由空格分隔。

Output

每行输出冲突的个数。

Sample Input

10 10

1 2 150

3 4 200

1 5 270

2 6 200

6 5 80

4 7 150

8 9 100

4 8 50

1 7 100

9 2 100

Sample Output

2

2.题目分析

本例题使用并查集的基本操作方法即可求解。

3.参考程序

```cpp
#include<iostream>
#include<cstdio>
using namespace std;

const int N=50010;
const int MOD=300;
```

```
int pre[N],pos[N];
void init(int n)
{
    for(int i=0;i<=n;i++){
        pre[i]=i;
        pos[i]=0;
    }
}


int find(int x)
{
    if(x! =pre[x]){
        int r=pre[x];
        pre[x]=find(r);
        pos[x]=(pos[x]+pos[r])%MOD;
    }
    return pre[x];
}


bool join(int x,int y,int d)
{
    int fx=find(x);
    int fy=find(y);
    if(fx! =fy)
    {
        pre[fy]=fx;
        pos[fy]=(MOD+pos[x]-pos[y]+d)%MOD;
    }
    else
    {
        if((pos[x]+d)%MOD! =pos[y])
            return true;
    }
    return false;
}


int main()
{
    int n,m,a,b,x;
    while(~scanf("%d%d",&n,&m))
    {
        init(n);
        int ans=0;
```

```
        while(m－－)
        {
            scanf("%d%d%d",&a,&b,&x);
            if(join(a,b,x))
                ans++;
        }
        printf("%d\n",ans);
    }
    return 0;
}
```

15.2.5 旺仔过生日

1.题目描述

旺仔想在生日会上邀请朋友,所以她想知道至少需要多少张桌子才可以坐下她的朋友们。可是不是所有的朋友都互相认识,而且大家都不想和陌生人待在一起。如果有人告诉旺仔 A 知道 B,B 知道 C,那么意味着 A、B、C 都是朋友。

Input

本题为多组输入,第一行输入测试案例的数目 t。

每个测试案例的第一行从输入朋友数目 N 和关系条数 M 开始($1 <= N, M <= 1\,000$)。接下来 m 行每一行由两个整数 A 和 B(A! = B)组成,这意味着 A 和 B 是朋友。

Output

每组测试样例输出旺仔至少需要准备多少张桌子。

Sample Input

2

5 3

1 2

2 3

4 5

5 1

2 5

Sample Output

2

4

2.题目分析

本题也是典型的并查集问题,先查后并完成集合的并查操作。

3.参考程序

```
#include <cmath>
#include<iostream>
#include<cstdio>
```

```
using namespace std;
int father[2000];
int vis[2000];
int N,M;
int findF(int i)
{
    if(i==father[i])
        return i;
    else
        return findF(father[i]);
}
void jion(int x,int y)
{
    int gen1,gen2;
    gen1=findF(x);
    gen2=findF(y);
    if(gen1! =gen2)
        father[gen2]=gen1;
}
int main()
{
    int T;
    scanf("%d",&T);
    while(T--)
    {
        memset(vis,0,sizeof(vis));
        scanf("%d %d",&N,&M);
        for(int i=1; i<=N+1; i++)
                father[i]=i;
        for(int i=0; i<M; i++)
        {
            int x,y;
            scanf("%d %d",&x,&y);
            jion(x,y);
        }
        int ans=0;
        for(int i=1;i<=N;i++)
        {
            int gen=findF(i);
            if(vis[gen]==0)
            {
                vis[gen]++;
                ans++;
```

```
            }
        }
        printf("%d\n",ans);
    }
    return 0;
}
```

15.3　相关拓展

15.3.1　皇家学校施工成本

1.题目描述

皇家学校这个暑期正在进行道路施工,施工队有张表列出了有可能建路的若干条路的成本费用。学校想要实现任意两个教学楼之间都可以有路。问:所有教学楼连通的最低成本是多少。

Input

本题为多组输入。每组数据第一行给出教学楼数目 N (1< N < 100)和 M(1<M< 100),接下来 M 行为教学楼间道路的成本,每行输入教学楼的标号以及修路成本。

当 N 为 0 时,输入结束。

Output

输出所需要的最低成本。若出错,则输出 X。

Sample Input

3 3

1 2 1

1 3 2

2 3 4

1 3

2 3 2

0 100

Sample Output

3

X

2.题目分析

并查集操作完成。

3.参考程序

```
#include<stdio.h>
#include<algorithm>
#include<string.h>
using namespace std;
```

```
int n,m,s[105];
struct R
{
    int a,b,c;
}p[105];
int find(int x)
{
    return s[x] == x ? x : s[x] = find(s[x]);
}
void join(int x,int y)
{
    int fx=find(x);
    int fy=find(y);
    if(fy! =fx)
    {
        s[y]=fx;
    }
}
bool cmp(R a,R b)
{
    return a.c<b.c;
}
int main()
{
    while(scanf("%d",&n)! =EOF&&n)
    {
        int money=0,h=0;
        scanf("%d",&m);
        for(int i=1;i<=n;i++)
            scanf("%d%d%d",&p[i].a,&p[i].b,&p[i].c);
        sort(p+1,p+n+1,cmp);
        for(int i=1;i<=105;i++)
            s[i]=i;
        for(int i=1;i<=n;i++)
        {
            if(find(p[i].a)! =find(p[i].b))
            {
                join(p[i].a,p[i].b);
                money+=p[i].c;
            }
        }
        for(int i=1;i<=m;i++)
        {
```

```
                if(s[i]==i)
                    h++;
                if(h>1)
                    break;
            }
            if(h>1)
                printf("X\n");
            else
                printf("%d\n",money);
        }
    return 0;
}
```

15.3.2 十字路口

1.题目描述

假设有 n 个十字路口,并且有 m 个街道连接它们,就像碗有最大容量一样,道路也有它的最大载重量,现在请你求出从 1 号路口到 n 号路口最小载重量的最大值为多少。

Input

本题为多组输入,第一行输入测试案例数。

每组测试案例的第一行输入十字路口数量 n(1 <= n <= 1 000)和街道的数量 m,接下来的 m 行输入道路开始和结束交叉的整数三元组和允许的最大载重量 x(0<x< 1 000 000),每对路口之间最多只有一条道路。

Output

先输出"Case ♯i:",其中 i 是第 i 组测试用例,输出最小载重量道路的最大值。

Sample Input

1

3 3

1 2 3

1 3 4

2 3 5

Sample Output

Case ♯1:

4

2.题目分析

按照并查集的完成节点检查即可求解。

3.参考程序

```
#include<iostream>
#include<algorithm>
#include<cmath>
```

```cpp
#include<cstdio>
using namespace std;
const int N=1005;
int pre[N];
//初始化函数：使各个节点是自己的父节点
void init(int n)
{
    for(int i=1;i<=n;i++)
        pre[i]=i;
}

int find(int x)
{
    int r=x;
    while(r!=pre[r])
        r=pre[r];
    //路径压缩
    while(x!=r)
    {
        int i=pre[x];
        pre[x]=r;
        x=i;
    }
    return r;
}
struct Edge
{
    int u,v,c;
    bool operator<(const Edge &a)const
    {
        return c>a.c;
    }
}e[N*N/2];
void join(int x,int y)
{
    int fx=find(x);
    int fy=find(y);
    if(fx!=fy)
        pre[fx]=fy;
}
int main()
{
    int T,n,m;
    scanf("%d",&T);
```

```
for(int t=1;t<=T;t++)
{
    scanf("%d%d",&n,&m);
    for(int i=0;i<m;i++)
        scanf("%d%d%d",&e[i].u,&e[i].v,&e[i].c);
    sort(e,e+m);
    init(n);
    //从大到小加边
    for(int i=0;i<m;i++)
    {
        //添加边 e[i]
        join(e[i].u,e[i].v);
        //添加边 e[i]后,1 号节点和 2 号节点连通了
        if(find(1)==find(n))
        {
            printf("Case #%d:\n%d\n\n",t,e[i].c);
            break;
        }
    }
}
return 0;
}
```

15.3.3 升级网络

1.题目描述

学校要升级校内网,因为经费不够,所以希望用最少量的光纤连接主教学和其他教学楼。给出连接每对教学楼需要的光纤数,任何两个教学楼之间的距离不会超过 100 000,求最小光纤长度的总和。

Input

本题为多组输入。

对于每组测试样例,第一行输入教学楼的数目 N(3 <= N <= 100)。以下输入N×N矩阵为教学楼之间的距离,矩阵中每个第 i 行的第 j 列是指教学楼 i 到教学楼 j 的距离。

Output

最小光纤长度的总和。

Sample Input

4

0 4 9 21

4 0 8 17

9 8 0 16

21 17 16

Sample Output

28

2.题目分析

本题需要设计一个图存储节点的链接关系,设计一个结构体数组存储节点的前驱和后继,在其上进行并查操作。

3.参考程序

```cpp
#include <iostream>
#include <cstdio>
#include <cstring>
#include <algorithm>
using namespace std;
int G[105][105];
int n;
struct node
{
    int from,to;
    int len;
} farm[10005];
bool cmp(node a,node b)
{
    return a.len < b.len;
}
int pre[105];
int Find(int x)
{
    if(x == pre[x])
        return x;
    else
        return pre[x] = Find(pre[x]);
}
int Union(int x,int y)
{
    int fx = Find(x),fy = Find(y);
    if(fx == fy)
        return 0;
    else
    {
        pre[fy] = fx;
        return 1;
    }
}
int main()
{
```

```
while(~scanf("%d",&n))
{
    int i,j;
    for(i = 0; i < 105; i++)
        pre[i] = i;
    int cnt = 0;
    for(i = 0; i < n; i++)
    {
        for(j = 0; j < n; j++)
        {
            scanf("%d",&G[i][j]);
            if(G[i][j] ! = 0)
            {
                farm[cnt].from = i;
                farm[cnt].to = j;
                farm[cnt++].len = G[i][j];
            }
        }
    }
    sort(farm,farm+cnt,cmp);
    int num = 0;
    int sum = 0;
    for(i = 0; i < cnt; i++)
    {
        if(Union(farm[i].from,farm[i].to))
        {
            sum += farm[i].len;
            num++;
        }
        if(num == n-1)
            break;
    }
    cout << sum << endl;
}
return 0;
}
```

实验16 排序——分治

16.1 实验目的

1.掌握分治法的思想及其设计方法；

2.掌握快排和二分查找的分治思想,并实现分治的归并及快排排序；

3.掌握针对线性结构表示设计递归的二分检索算法。

16.2 实例分析

16.2.1 输油管道问题

1.题目描述

某石油公司计划建造一条由东向西的主输油管道,该管道要穿过一个有 n 口油井的油田。每口油井都要有一条输油管道沿最短路径(或南或北)与主管道相连。如果给定 n 口油井的位置,即它们的横坐标(东西向)和纵坐标(南北向),应如何确定主管道的最优位置,使各油井到主管道之间的输油管道长度总和最小的位置。给定 n 口油井的位置,编程计算各油井到主管道之间的输油管道最小长度总和。

Input

每组测试数据的第一行是油井数 n($1 <= n <= 10\ 000$)。接下来 n 行是油井的位置,每行输入 2 个整数 x 和 y($-10\ 000 <= x,y <= 10\ 000$)。

Output

对于每组测试数据,输出油井到主管道之间的输油管道最小长度总和。

Sample Input

5

1 2

2 2

1 3

3 -2

3 3

Sample Output

6

2.题目分析

本例求解的基本思路是利用包含分治思想的快排将油井的纵坐标排序,找到纵坐标的中位数,在此基础上再计算支路油管的总长度。快排的基本思想是选取一个中枢数值(这个数可以是待排序数值序列中的一个数,也可以是一个符合要求的随机数),对待排序列分别同时从左和从右扫描,将比中枢数值小的数调整到左边,将比中枢数值大的数调整到右边,然后对左右两边分别递归分治。

　　分治算法的基本思想是将一个规模为 N 的问题分解为 K 规模较小的子问题,这些子问题相互独立且与原问题性质相同。求出子问题的解,就可得到原问题的解。分治算法是很多高效算法的基础,如排序算法(快速排序、归并排序)、傅立叶变换(快速傅立叶变换)。快速排序是由东尼·霍尔所发明的一种排序算法。在平均状况下,排序 n 个项目要经过 O(nlgn)次比较。在最坏状况下,则需要 O(n^2)次比较,但这种状况并不常见。事实上,快速排序通常比其他 O(nlgn)算法快,因为它的内部循环(inner loop)可以在大部分的架构上很有效率地被实操出来,且在大部分真实世界的资料,可以决定设计的选择,减少所需的时间。在此题中,考虑到时间复杂度,对于中位数这类选择问题的解决,不一定要先排序然后遍历(事实上这是比较慢的做法,排序的时间复杂度决定了它不可能比 O(nlgn)快)。通常选择问题只是要求知道第 i 大/小的元素,所以可以将本实验的问题当成排序算法的简化。以上述的快速排序为例,我们以划分的区间判断,选择问题我们只追究可能出现问题解的一个区间,而快速排序要处理两个区间。由此,我们可以利用随机划分解决此问题,缩短时间复杂度。利用随机选择算法 RandomizedSelect 计算出中位数 median(y),然后计算 n 口油井到主管道的最小长度总和,则所需时间主要是随机选择算法 RandomizedSelect 用的时间,在平均情况下需要 O(n)计算时间。

3.参考程序

```cpp
#include<cmath>
using namespace std;
void swap(int& a,int& b)
{
    int t=a;
    a=b;
    b=t;
}
int partition(double a[],int l,int r)   //快速排序的划分函数,找到划分点
{
    int i = l−1,j=r;
    int v = a[r];
    while(true)   //将大于或等于 v 的元素换到左边区域,将小于或等于 v 的元素换到右边区域
    {
        while(a[++i]<v);
        while(a[−−j]>v)
        if(j==l)break;
        if(i>=j)break;
        swap(a[i],a[j]);
    }
```

```
        swap(a[i],a[r]);
        return i;
}


    void qsort(double a[],int l,int r)    //对数组 a 从 l 到 r 进行排序
{
        int i;
        if(r<=l)
            return   ;
        i=partition(a,l,r);
        qsort(a,l,i-1);
        qsort(a,i+1,r);
}
    void mcount(double a[],int n)    //计算数组 a 已排好序的 n 个元素的中位数,主油管建立在中位数
的坐标位置时各支管道长度和最小
{
        double my;//主管道的 y 坐标
        double mlength = 0,k;
        int i;
        qsort(a,0,n-1);    //对油井的 y 坐标数组进行排序
        //找中位数
        if(n%2! =0)//个数为奇数
        {
            my=a[n/2];
        }
        else
            my = (double)(a[n/2-1]+a[n/2])/2;//个数为偶数
        for(i = 0;i<n;i++)   //计算各油井到主管道的支管道总和
        {
            mlength += fabs(my - a[i]);
        }
        cout<<my<<endl;
        cout<<mlength<<endl;
}


int main()
{
        int n,i,j,sum=0;
        double x[100];
        double y[100];
        cout<<"请输入油井的个数"<<endl;
        cin>>n;
        for(i=0;i<n;i++)
```

```
{
        cout<<"请输入油井"<<i+1<<"的坐标"<<endl;
        cin>>x[i];
        cin>>y[i];
    }
    mcount(y,n);
    for(i=0;i<n;i++)
        cout<<y[i]<<"   ";
    return 0;
}
```

16.2.2　二路归并排序

1.题目描述

使用分治的二路归并排序算法对无序数组进行排序。

2.题目分析

二路归并排序的分治策略：

(1)划分：将待排序序列 r1, r2, …, rn 划分为两个长度相等的子序列 r1,r2,…, rn/2 和 rn/2+1, rn/2+2,…, rn。

(2)求解子问题：分别对这两个子序列进行排序，得到两个有序子序列。

(3)合并：将这两个有序子序列合并成一个有序序列。

3.参考程序

```
#include<stdio.h>
#include<stdlib.h>
int a[100];
void   Merge(int low,int mid,int high)   //合并过程
{
    int i,j,k,b[100];
    i=low;
    k=low;
    j=mid+1;
    while(i<=mid&&j<=high)//两指针 i,j 分别从左、中扫描,比较二者大小,将较小的
                        //数写入局部数组 b 中,同时将较小者的指针后移或前移
    {
        if(a[i]<=a[j])
        {
            b[k]=a[i];
            i++;
        }
        else
```

```
        {
            b[k]=a[j];
            j++;
        }
        k++;
    }
    //左边或右边未扫描的剩下元素写入数组 b 中完成扫尾工作
    if(i<=mid)
    {
        for(j=i;j<=mid;j++)
            b[k++]=a[j];
    }
    else
    {
        for(i=j;i<=high;i++)
            b[k++]=a[i];
    }
    for(k=low;k<=high;k++)//将已排好序的数据转存至全局变量数组 a 中
        a[k]=b[k];
}


void Mergesort(int low,int high)
{
    int mid;
    if(low<high)
    {
        mid=(low+high)/2;
        Mergesort(mid+1,high);        //对右半部分进行归并排序
        Mergesort(low,mid);           //对左半部分进行归并排序
        Merge(low,mid,high);          //合并左、右两部分
    }
}


void   main()
{
    int i,n;
    FILE  * fp;
    if((fp=fopen("c:\\input6.txt","rt"))==NULL)
    {
        printf("文件打开失败:\n");
        exit(0);
```

```
    }
    fscanf(fp,"%d",&n);
    for(i=1;i<=n;i++)
        fscanf(fp,"%d",&a[i]);
    Mergesort(1,n);
    printf("\n");
    for(i=1;i<=n;i++)
        printf("%d ",a[i]);
    printf("\n");
}
```

16.2.3　军训排列

1.题目描述

在军队中,一个团是由士兵组成的。在早晨的检阅中,士兵在长官面前站成一行。但长官对士兵们的队列并不满意。士兵的确按照他们的编号由小到大站成一行,但并不是按身高顺序来排列的。于是,长官让一些士兵出列,其他留在队里的士兵没有交换位置,变成了更短的一列。这个队列满足以下条件:队伍里的每一个士兵都至少可以看见整个队伍的最前方或最后方(如果一个士兵要看到队伍的最前方或最后方,那么在他的前方或后方,都没有比他高的人),现在按顺序给出一个队列里的每个士兵的身高,计算出若要形成满足上述条件的队列,至少需要多少士兵出列。

Input

输入数据的第一行包含一个整数 n,表示原队列里士兵的数量。第二行包含 n 个浮点数(最多有五位小数),第 i 个浮点数表示队列中编号为 i 的士兵的身高 h_i。

其中:$2 <= n <= 1000$,且身高 h_i 的取值范围[0.5,2.5]。

Output

包含一个整数,表示需要出列的最少士兵数。

Sample Input

8

1.86　1.86　1.30621　2.0　1.4　1.0　1.97　2.2

Sample Output

4

2.题目分析

本例使用二分+枚举的策略求解,对于序列 a1,a2,a3,a4,a5,a6,…,an,对 ai 求出 a1 到 ai 的 lis,ai+1 到 an 的 lds,取所有 ai 对应的 lis+lds 最大值,输出 n−lis−lds 就是让队列里最少的士兵出列,新队列的身高要满足这个式子:tail[1]<tail[2]<…tail[i] tail[i+1]>tail[i+2]>……tail[n],从 1 枚举到 n−1,分别求出 1 到 i 的最长上升子序列和 i+1 到 n 的最长下降子序列,最后用 n 减去它们的最大和。使队列变成如下图所示。由于要求最少出列人数,也就是保留最多人数,于是这道题就有了求最长上升子序列的 DP 做法。对第 i 个人,计算 1～i 的最长上升序列(长度为 l)与 i+1～n 的最长下降序列(长度为 d),对所有的 i 取 l+d 的最大值 max。答案即 n−max。

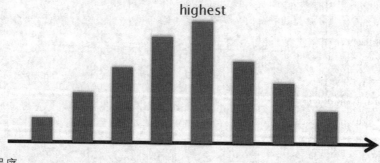

highest

3.参考程序

```cpp
# include<cstdio>
# include<cstdlib>
# include<iostream>
# include<algorithm>
# include<cstring>
# include<cmath>
using namespace std;
int n;
double num[1111];//记录士兵的身高
double up[1111];
double down[1111];
const int inf=(1<<31)−1;

int b1(double ss,int Left,int Right)//在全局变量数组 up 中查找与 ss 相等的元素
{
    int L=Left;int R=Right;
    int mid;
    while(L<R)
    {
        mid=(L+R)>>1;
        if(up[mid]>ss)//比 ss 大则在左边找
        {
            R=mid;
            mid=(L+R)>>1;
        }
        else
        if(up[mid]==ss)//找到与 ss 相等的元素则输出此元素的位置
        {
            return mid;
        }
        else   //比 ss 小则继续在右边找
```

```
            {
                L＝mid＋1；
                mid＝(L＋R)＞＞1；
            }
        }
    return R；//未找到则输出最后与 ss 比较的那个元素的位置
}


int b2(double ss，int Left，int Right)//从全局变量数组 down 中查找与 ss 相等的元素
{
    int L＝Left；int R＝Right；
    int mid；
    while(L＜R)
    {
        mid＝(L＋R)＞＞1；
        if(down[mid]＜ss)//比 ss 小则在左边找
        {
            R＝mid；
            mid＝(L＋R)＞＞1；
        }
        else
        if(down[mid]＝＝ss)//找到与 ss 相等的元素则输出此元素的位置
        {
            return mid；
        }
        else   //比 ss 大则继续在右边找
        {
            L＝mid＋1；
            mid＝(L＋R)＞＞1；
        }
    }
    return R；
}


int main()
{
    int ans＝0；
    scanf("％d"，&n)；
    for(int i＝1；i＜＝n；i＋＋)
        scanf("％lf"，&num[i])；
    for(int i＝1；i＜＝n；i＋＋)
    {
        memset(up，0，sizeof(up))；
```

```
memset(down,0,sizeof(down));
int lisnum=1;
up[0]=-1;
for(int j=1;j<=i;j++)//
{
    int index=b1(num[j],0,lisnum);
    if(index==lisnum)
        lisnum++;
    up[index]=num[j];
}

int ldsnum=1;
down[0]=inf;
for(int j=i+1;j<=n;j++)
{
    int index=b2(num[j],0,ldsnum);
    if(index==ldsnum)
        ldsnum++;
    down[index]=num[j];
}
lisnum--;ldsnum--;
ans=max(ans,lisnum+ldsnum);
}
printf("%d\n",n-ans);
}
```

16.2.4　两点距离

1.题目描述

给出 A、B 两个点集,每个集合包含 N 个点。现要求分别从两个点集中取出一个点,使这两个点的距离最小。

Input

输入测试用例个数 t,输入的第一行包含一个整数 T,表示样例个数。接下来有 T 个样例,每个样例的第一行为一个整数 N(1<=N<=100 000),表示每个组的点的个数。

后面有 N 行,每行有两个整数 x(0<=x<=1 000 000 000)和 y(0<=y<=1 000 000 000),代表 A 组各点的坐标。再之后 N 行,每行有两个整数 x(0<=x<=1 000 000 000)和 y(0<=y<=1 000 000 000),代表 B 组的各点的坐标。每一组测试用例输入点的个数 N(1<=N<=100 000),接下来 N 行,每行有两个整数输入第一个集合的坐标(x,y),其中 x(0<=x<=1 000 000 000)和 y(0<=y<=1 000 000 000),以同样的方式输入另一个点集。

Output

每行输出两点间最小的距离(保留 3 位小数)。注意两个点必须来自两个不同的组。

Sample Input

2

4

0 5

0 0

1 0

1 1

2 2

2 3

3 2

4 4

4

0 0

1 0

0 1

0 0

0 0

1 0

0 1

0 0

Sample Output

1.414

0.000

2.题目分析

这道题是分治的经典题目,将所有点按照 x 坐标排序,然后从中间将其分为两个部分,那么对于每个部分,它们的最小距离只会有 3 种情况:在左边部分;在右边部分;跨越了中点,然后进行分治,跨越中线的情况时,可根据已经求出的最小值进行优化,最小距离只可能是在（mid.x−min , mid.x+min)中存在,y 同样如此。

无集合限制的求最近点对:对所有点先按 x 坐标不减排序,对 x 进行二分,得到点集 S1和点集 S2,通过递归求得 S1、S2 的最小点对距离 d1、d2;D=min{d1,d2};合并 S1、S2,找到在 S1、S2 划分线左右距离为 D 的所有点,按 y 不减(不增也可以)排序;循环每个点找它后面 6 个点的最小距离;最后即求得最小点对距离。这道题有集合限制,将同一集合之间点的距离定为无穷大即可。给出 A、B 两个点集,每个集合包含 N 个点。现要求分别从两个点集中取出一个点,使这两个点的距离最小。

3.参考程序

```
#include<iostream>
#include<cstdio>
#include<cmath>
```

```
#include<cstdlib>
#include<cstring>
#include<algorithm>
const int MAXN=200005;
const double inf=1e40;
using namespace std;
struct node
{
    int x,y;
    bool flag;
}p[MAXN];
int T,n;
bool cmp(node a,node b)
{
    return a.x<b.x;
}
double dist(node a,node b)
{
    double t1=a.x-b.x;
    double t2=a.y-b.y;
    return sqrt(t1 * t1+t2 * t2);
}
double divide(int s,int e)
{
    if(e-s<=1)
    {
        if(p[s].flag==p[e].flag)
            return inf;
        else
            return dist(p[e],p[s]);
    }
    int mid=(s+e)>>1;
    double L=divide(s,mid);
    double R=divide(mid+1,e);
    double res=min(L,R);
    double l=p[mid].x-res,r=p[mid].x+res;
    node a[1000];
    int cnt=0;
    for(int i=s;i<=e;i++)
        if(l<=p[i].x&&p[i].x<=r)
            a[++cnt]=p[i];
    for(int i=1;i<=cnt;i++)
        for(int j=1;j<=cnt;j++)
```

```
            if(i! =j&&a[i].flag! =a[j].flag)
                res＝min(res,dist(a[i],a[j]));
        return res;
}
int main()
{
    scanf("%d",&T);
    while(T－－)
    {
        scanf("%d",&n);
        n<<=1;
        for(int i=1;i<=n;i++)
        {
            scanf("%d%d",&p[i].x,&p[i].y);
            if(i>n/2)
                p[i].flag=1;
            else
                p[i].flag = 0;
        }
    sort(p+1,p+n+1,cmp);
    printf("%.3lf",divide(1,n));
    putchar(10);
    }
}
```

16.2.5　修桌布

1.题目描述

小嘉有一块粉色方格的桌布,他偶然发现桌布上面出现了很多蓝色点点污渍,小嘉觉得很丑想修好桌布。他找到了许多正方形的粉色贴纸打算遮挡一下,但担心贴纸裁剪问题,想让你计算出至少需要一块多大面积的正方形贴纸才能遮住所有蓝色点点。

Input

本题为多组输入,第一行输入测试数据的个数 T（T<＝30）。每一组测试数据的第一行输入蓝色点点数 n（n<＝30）,接下来有 N 行,每行输入蓝色点点的坐标 X 和 Y(点点距离原点(0,0)的距离不会超过 500)。

Output

每一行输出一个两位小数,表示贴纸的最小面积。

Sample Input

2

4　//测试点共 4 个

−1 −1

1 −1

1 1

−1 1

4

10 1

10 −1

−10 1

−10 −1

Sample Output

4.00

242.00

2.题目分析

通过正方形旋转面积会发生变化。为了便于计算,不让正方形旋转,而让正方形的边始终与坐标轴保持平行,让点旋转,三分点的旋转角度范围[0,pi],每次旋转后统计横、纵坐标最大差值(计算边界),取最大值即当前角度对应的正方形边长。

3.参考程序

```
#include<cstdio>
#include<iostream>
#include<algorithm>
#include<cmath>
using namespace std;
#define eps 1e−12
#define pi acos(−1.0)
#define maxn 33

struct node
{
    double x,y;
    node spin(double a)//
    {
        node ans;
        ans.x=x*sin(a)−y*cos(a);
        ans.y=x*cos(a)+y*sin(a);
        return ans;
    }
}a[maxn],b[maxn];
int T,n;
double cal(double x)
{
    for(int i=0;i<n;i++)
        b[i]=a[i].spin(x);
    double x1,x2,y1,y2;
```

```
        x1=x2=b[0].x,y1=y2=b[0].y;
        for(int i=1;i<n;i++)
            x1=min(x1,b[i].x),x2=max(x2,b[i].x),y1=min(y1,b[i].y),y2=max(y2,b[i].y);
        return max(x2-x1,y2-y1);
    }
    int main()
    {
        scanf("%d",&T);
        while(T--)
        {
            scanf("%d",&n);
            for(int i=0;i<n;i++)
                scanf("%lf%lf",&a[i].x,&a[i].y);
            double l=0,r=pi,mid1,mid2,f1,f2;
            while(1)
            {
                mid1=(l+r)/2;
                mid2=(mid1+r)/2;
                f1=cal(mid1);
                f2=cal(mid2);
                if(abs(f1-f2)<eps)
                        break;
                else
                    if(f1<f2)
                        r=mid2;
                  else
                        l=mid1;
            }
            printf("%.2f\n",f1 * f1);
        }
        return 0;
    }
```

16.3　相关拓展

16.3.1　士兵列队问题

1.题目描述

在实现输油管道问题的基础上,思考士兵列队问题并分析他们之间的共同点,在课下实现。在一个划分成网格的操场上,n 个士兵散乱地站在网格点上。网格点由整数坐标(x,y)表示。士兵们可以沿网格边上、下、左、右移动一步,但在同一时刻任一网格点上只能有一名士兵。按照军官的命令,士兵们要整齐地列成一个水平队列,即排列成(x,y),$(x+1,y)$,…,$(x+n-1,y)$。如何选择 x 和 y 的值才能使士兵们以最少的总移动步数排成一列。

Input

16.3.2　特殊数字

1.题目描述

若在两个列表中分别存在一个数,它们的和为10 000,则两个数字为特殊的数字。现在输入两组数字,请你判定这两组数中是否存在这样的特殊数字。

Input

输入第一行第一组数个数 N (1<=N<=50 000),接下来 N 行,每一行输入整数 A (−32767<=A<=32767)且第一组数按照升序排列。接下来的一行输入第二组数个数 M(1<=M<=50 000),接下来 M 行输入整数 B (−32767<=B<=32767),且第二组数按照降序排列。

Output

如果存在特殊数字,则输入"YES",否则输入"NO"。

Sample Input

4

−175

19

19

10424

3

8951

−424

−788

Sample Output

YES

2.题目分析

解法一:

一个较直接的解法就是穷举:从数组中任意取出两个数字,计算两者之和是否为给定的数字。显然其时间复杂度为 N(N−1)/2,即 $O(N^2)$。这个算法很简单,但是效率不高。

解法二:

求两个数字之和,假设给定的和为 Sum。一个变通的思路,就是对数组中的每个数字 arr[i]都判别 Sum−arr[i]是否在数组中,将其转换为一个查找的算法。

在一个无序数组中查找一个数的复杂度是 O(N),对于每个数字 arr[i],都需要查找对应的 Sum−arr[i]在不在数组中,很容易得到时间复杂度是 $O(N^2)$。要提高查找效率,可以先将要查找的数组排序,然后用二分查找等方法进行查找,就可以将原来 O(N)的查找时间缩短到 $O(\log_2 N)$,这样对于每个 arr[i],都要花费 $O(\log_2 N)$时间去查找对应的 Sum−arr[i]在不在数组中,总的时间复杂度降低为 $N\log_2 N$。当长度为 N 的数组进行排序时,本身也需要 $O(N\log_2 N)$的时间,但只需要排序一次就够了,所以总的时间复杂度依然是 $O(N\log_2 N)$。

更快的查找方法是利用 hash 表。给定一个数字,根据 hash 表映射查找另一个数字是否在数组中,只需要花费 O(1) 时间。总体的算法复杂度可以降低到 O(N),但需要额外增加 O(N) 的 hash 表存储空间。

解法三:

利用二分查找法检查这个数组的任意两个元素之和的有序数组(长度为 N^2),只需 O($2\log_2 N$)。计算这个有序数组需要 O(N^2) 的时间,可以直接对两个数字的和进行一个有序的遍历,从而降低算法的时间复杂度。

首先对数组进行排序,时间复杂度为($N\log_2 N$)。然后令 i = 0,j = n−1,看 arr[i] ＋ arr[j] 是否等于 Sum,如果是,则结束;如果小于 Sum,则 i = i ＋ 1;如果大于 Sum,则 j = j−1。在排好序的数组上遍历一次就可以得到最后的结果,时间复杂度为 O(N)。两步加起来总的时间复杂度为 O($N\log_2 N$)。

3.参考程序

```cpp
#include<cstdio>
#include<cstring>
#include<cstdlib>
#include<cmath>
#include<algorithm>
#include<iostream>
using namespace std;
int A[50000],B[50000];
int main()
{
    int n1,n2,mid,Max,Min;
    scanf("%d",&n1);
    for(int i=0;i<n1;++i)
        scanf("%d",&A[i]);
    scanf("%d",&n2);
    for(int i=0;i<n2;++i)
        scanf("%d",&B[i]);
    for(int i=0;i<n1;++i)
        for(Min=0,Max=n2−1,mid=(Max+Min)/2;Min<=Max;mid=(Max+Min)/2)
        {
            if(A[i]+B[mid]==10000)
            {
                printf("YES");
                return 0;
            }
            else if(A[i]+B[mid]>10000)
                Min=mid+1;
            else
                Max=mid−1;
```

```
        }
        printf("NO");
        return 0;
}
```

16.3.2　模拟 App

1.题目描述

旺仔去一个国家旅行,在本地朋友的推荐下,旺仔下载了一个 App,可以把自己原来国家的语言翻译成现在旅游国家的语言。现在让你设置这个 App 的信息条目(最多为100 000 条),然后模拟这个翻译过程。

Input

本题为多组输入,输入最多 100 000 条词条,每一行输入的词条包括译文和原文,用空格相隔,用换行结束每条词条的输入。

Output

每一行输出翻译后的单词。若不存在,则输出 eh。

Sample Input

cat atcay

froot ootfray

loops oopslay

Sample Output

cat

eh

loops

2.题目分析

从小到大排序,然后对于每个询问,二分查找,复杂度 $O(n\log_2 n)$。

3.参考程序

```
#include<cstring>
#include<cstdio>
#include<iostream>
#include<algorithm>
using namespace std;
struct Entry
{
    char english[11];
    char foreign[11];
}entries[100005];

int Cmp(Entry entry1, Entry entry2 )
{
    return strcmp(entry1.foreign, entry2.foreign)< 0;
```

```
}

int main()
{
    int num = 0;
    char word[11];
    while(true)
    {
        scanf("%s%s", entries[num].english, entries[num].foreign);
        num++;
        cin.get();          //去掉行尾的换行符
        if(cin.peek()== '\n')     //查看是否空行
            break;
    }
    sort(entries, entries+num, Cmp);//按照 Cmp 中的规则进行排序
    while(scanf("%s",word)! = EOF)
    {
        int left = 0, right = num-1;
        int n = 0;
        //二分查找
        while( left <= right)
        {
            int mid = left + (right-left)/2;
            n = strcmp(entries[mid].foreign, word);
            if(n < 0)
                left = mid+1;
            else if(n > 0)
                right = mid-1;
            else
            {
                printf("%s\n",entries[mid].english);
                break;
            }
        }
        if(n)
            printf("eh\n");
    }
    return 0;
}
```

17.1 实验目的

1.根据算法设计需要，掌握连通网的灵活表示方法；

2.掌握最小生成树的 Kruskal 算法；

3.掌握贪心算法的一般设计方法；掌握集合的表示与操作算法的应用。

17.2 实例分析

17.2.1 哈夫曼编码

1.题目描述

编写一个哈夫曼树的编/译码系统，要求可以对传输的报文进行编码和解码。构造哈夫曼树时，权值小的放在左子树，权值大的放在右子树，编码时右子树编码为1，左子树编码为0。输入表示字符集大小为 n(n <= 100) 的正整数，以及 n 个字符和 n 个权值(正整数，值越大表示该字符出现的概率越大)；输入字符串长度小于或等于 100 的目标报文。

经过编码后的二进制码，占一行；以及对应解码后的报文，占一行；最后输出一个回车符。

5 a b c d e 12 40 15 8 25

bbbaddeccbbb

0001111111011101011011011011000

Bbbaddeccbbb

2.题目分析

(1)首先要构造一棵哈夫曼树，哈夫曼树的节点结构包括权值，双亲，左、右孩子；假如由 n 个字符来构造一棵哈夫曼树，则共有 2n-1 个节点；在构造前先初始化，初始化操作是将双亲与左、右孩子的下标值都赋值为0；然后依次输入每个节点的权值。

(2)通过 n-1 次循环，每次先找输入的权值中最小的两个节点，将这两个节点的权值相加赋给一个新节点，并且这个新节点的左孩子是权值最小的节点，右孩子是权值较小的节点；鉴于上述找到的节点都是双亲为 0 的节点，为了下次能正确寻找到剩下节点中权值最小的两个节点，每次循环要把找到的权值最小的两个节点的双亲赋值不为 0(i)。通过 n-1 的循环操作，创建了一棵哈夫曼树，其中，前 n 个节点是叶子(输入的字符节点)，后 n-1 个节点是长度为 2 的节点。

(3)编码的思想是逆序编码，从叶子节点出发，向上回溯，如果该节点是回溯到上一个节点的左孩子,则在记录编码的数组里存"0",否则存"1",注意是倒着存;直到遇到根节点(节点双亲为 0),每一次循环编码到根节点,将编码存放在编码表中,然后开始编码下一个字符(叶子)。

(4)译码的思想是循环读入一串哈夫曼序列,读到"0"从根节点的左孩子继续读,读到"1"从右孩子继续读。如果读到一个节点的左孩子和右孩子都为 0,就说明已经读到了一个叶子(字符),翻译一个字符成功,将该叶子节点代表的字符存在一个存储翻译字符的数组中,然后继续从根节点开始读,直到读完这串哈夫曼序列,遇到结束符便退出翻译循环。

3.参考程序

```cpp
#include <iostream>
#include <cstdio>
#include <cstring>
#include <algorithm>
#define MAXBIT 100
#define MAXNODE 1000
#define MAXNUM 100000
#define MAXWEIGHT 1000
using namespace std;
//编码结构体
typedef struct
{
    int bit[MAXBIT];
    int start;
}HCodeType;
//节点结构体
typedef struct
{
    int weight;
    int parent;
    int lchild;
    int rchild;
    char value;
}HNodeType;
void HuffmanTree(HNodeType HuffNode[],int n)
{
    int i,j;
    //节点初始化
    for(i=0;i<2*n-1;i++)
    {
        HuffNode[i].weight=0;
        HuffNode[i].parent=-1;
        HuffNode[i].lchild=-1;
        HuffNode[i].rchild=-1;
```

```
            HuffNode[i].value=-1;
    }
    //叶子节点的编码和权重
    for(i=0;i<n;i++)
        cin>>HuffNode[i].value;
    for(i=0;i<n;i++)
        cin>>HuffNode[i].weight;
    for(i=0;i<n-1;i++)
    {
        //记录最小的两个权重
        int m1,m2;
        m1=m2=MAXWEIGHT;
        //记录相应的下标
        int x1,x2;
        x1=x2=0;
        //找出所有节点中权值最小 无父节点的两个节点 并合并为一棵二叉树
        for(j=0;j<n+i;j++)
        {
            if((HuffNode[j].weight<m1)&&(HuffNode[j].parent==-1))
            {
                m2=m1;
                x2=x1;
                m1=HuffNode[j].weight;
                x1=j;
            }
            else if((HuffNode[j].weight<m2)&&(HuffNode[j].parent==-1))
            {
                m2=HuffNode[j].weight;
                x2=j;
            }
        }
        //找到 x1、x2 的父节点信息
        HuffNode[x1].parent=n+i;
        HuffNode[x2].parent=n+i;
        HuffNode[n+i].weight=HuffNode[x1].weight+HuffNode[x2].weight;
        HuffNode[n+i].lchild=x1;
        HuffNode[n+i].rchild=x2;
    }
}

//解码
void decoding(char str[],HNodeType hufTree[],int n)
{
```

```
int num＝2 * n－1;//节点个数
int i＝0;
int temp;
while(i<(int)strlen(str))
{
    temp＝num－1;//根节点下标
    while((hufTree[temp].lchild！＝－1)&&(hufTree[temp].rchild！＝－1))
    {
        if(str[i]＝＝'0')
            temp＝hufTree[temp].lchild;
        else
            temp＝hufTree[temp].rchild;
        i＋＋;
    }
    printf("%c",hufTree[temp].value);
}
}


int main()
{
    HNodeType HuffNode[MAXNODE];
    //编码结构体数组和临时变量来存放求解编码时的信息
    HCodeType HuffCode[MAXBIT],cd;
    int n,i;
    scanf("%d",&n);
    HuffmanTree(HuffNode ,n);
    for(i＝0;i<n;i＋＋)
    {
        cd.start＝n－1;
        int cur＝i;
        int p＝HuffNode[cur].parent;
        while(p！＝－1)//父节点存在
        {
            if(HuffNode[p].lchild＝＝cur)
                cd.bit[cd.start]＝0;
            else
                cd.bit[cd.start]＝1;
            cd.start－－;//求编码的后一位
            cur＝p;
            p＝HuffNode[cur].parent;
        }
        //保存求出的每个叶子节点的哈夫曼编码和编码的起始位置
        for(int j＝cd.start＋1;j<n;j＋＋)
```

```
            HuffCode[i].bit[j]＝cd.bit[j];
            HuffCode[i].start＝cd.start;
    }
    char code[1000];
    scanf("％s",code);
    for(i=0;i＜(int)strlen(code);i++)
    {
        for(int j=0;j＜n;j++)
        {
            if(code[i]==HuffNode[j].value)
            {
                for(int k＝HuffCode[j].start＋1;k＜n;k++)
                printf("％d",HuffCode[j].bit[k]);
            }
        }
    }
    printf("\n");
    cout＜＜code＜＜endl;
    return 0;
}
//自底向上,层层判断,若在父节点左侧置0,在右侧置1,最后输出生成的编码
```

17.2.2　Prim 算法

1.题目描述

用贪心算法设计 Prim 算法可以构造出最小生成树。

2.题目分析

设 G＝(V,E)是连通带权图,V＝{1,2,...,n}。构造 G 的最小生成树的 Prim 算法的基本思想是,首先置 S＝{1},只要 S 是 V 的真子集,就做如下的贪心选择:选取满足条件 i? S,j? V－S,且 c[i][j]最小的边,将顶点 j 添加到 S 中。这个过程一直进行到 S＝V 为止。在这个过程中选取到的所有边恰好构成 G 的一棵最小生成树。

3.参考程序

```
/ * * * * * * * * * * * * * * * * * * * * * * * * * * * * * * * * * * *
* * * * * * ＊ * * * * * * * * 邻接矩阵表示图 * * * * * * * * * * * * * *
* * * * * * * * * * * * * * 构造最小生成树 Prim 算法 * * * * * * * /
＃include＜iostream＞
＃include＜stdlib.h＞
using namespace std;
＃define Max 50
＃define MM  10000
typedef int Elemtype;
typedef struct ArcCell
```

```
{
    Elemtype adj;
    struct ArcCell * Infor;
}ArcCell;//邻接单元
typedef struct Mgraph
{
    ArcCell AdjMatrix[Max][Max];
    int Vnode;
    int Edge;
}Mgraph;//邻接矩阵
typedef struct Closedge
{
    Elemtype adjvex;
    Elemtype lowcost;
}Closedge;

void CreateMgraph(Mgraph * MG)//创建图的邻接矩阵
{
    int V,E,i,j,vertex1,vertex2;
    Elemtype weight;
    cout<<"Input the Vertex and Edge:";//输入顶点和边数
    cin>>V>>E;
    MG->Vnode=V;
    MG->Edge=E;
    for(i=1;i<=MG->Vnode;i++)
        for(j=1;j<=MG->Vnode;j++)
        {
            MG->AdjMatrix[i][j].adj=1000;
            MG->AdjMatrix[i][j].Infor=NULL;
        }
        for(i=1;i<=MG->Edge;i++)
        {
            cout<<"Edge and Weight:";//输入边和权值
            cin>>vertex1>>vertex2>>weight;
            if(weight<1)
                {
                    MG->AdjMatrix[vertex1][vertex2].adj=1;
                    MG->AdjMatrix[vertex2][vertex1].adj=1;
                }
            else
                {
                    MG->AdjMatrix[vertex2][vertex1].adj=weight;
                    MG->AdjMatrix[vertex1][vertex2].adj=weight;
```

```
            }
        }
}
void MinSpanTree(Mgraph MG,int v0)//构造最小生成树
{
    int i,j,min,vex;
    int * vist;//顶点
    Closedge Close[Max];
    vist=(int * )malloc((MG.Vnode+1) * sizeof(int));
    for(i=1;i<=MG.Vnode;i++)
    {
        Close[i].lowcost=MG.AdjMatrix[v0][i].adj;
        Close[i].adjvex=v0;
    }
    for(j=0;j<=MG.Vnode;j++)
        vist[j]=0;
    vist[v0]=1;
    for(i=1;i<MG.Vnode;i++)
    {
        min=MM;
        vex=v0;
        for(j=1;j<=MG.Vnode;j++)
            if(vist[j]==0&&Close[j].lowcost<min)
            {
                min=Close[j].lowcost;
                vex=j;
            }
        cout<<Close[vex].adjvex<<"-"<<vex<<endl;
        for(j=1;j<=MG.Vnode;j++)
            if(vist[j]==0&&Close[j].lowcost>MG.AdjMatrix[vex][j].adj)
            {
                Close[j].lowcost=MG.AdjMatrix[vex][j].adj;
                Close[j].adjvex=vex;
            }
        vist[vex]=1;
        // for(j=1;j<=MG.Vnode;j++)
        // printf("%d ",Close[j].lowcost);
    }
}
void main()
{
    Mgraph MG;
    int i,j;
```

```
freopen("Prim.txt","r",stdin);
CreateMgraph(&MG);
for(i=1;i<=MG.Vnode;i++)//输出图
{
        for(j=1;j<=MG.Vnode;j++)
        cout<<MG.AdjMatrix[i][j].adj<<"\t";
        cout<<endl;
}
cout<<endl;
for(i=1;i<=MG.Vnode;i++)//从不同的顶点出发构造最小生成树
{
        cout<<"Initial point:"<<i<<endl;
        MinSpanTree(MG,i);
        cout<<endl;
}
}
7 9
1 2 5
1 3 4
1 4 2
1 5 6
2 7 3
3 5 1
4 6 3
5 6 5
6 7 1
```

17.2.3　Kruskal 算法

1.题目描述

用包含贪心算法的 Kruskal 算法生成图的最小生成树。

2.题目分析

Kruskal 算法构造 G 的最小生成树的基本思想是,首先将 G 的 n 个顶点看成 n 个孤立的连通分支。将所有的边按权从小到大排序,从第一条边开始,依边权递增的顺序查看每一条边,并按下述方法连接 2 个不同的连通分支:当查看到第 k 条边(v,w)时,如果端点 v 和 w 分别是当前 2 个不同的连通分支 T1 和 T2 的顶点时,就用边(v,w)将 T1 和 T2 连接成一个连通分支,然后继续查看第 k+1 条边;如果端点 v 和 w 在当前的同一个连通分支中,就直接再查看第 k+1 条边。这个过程一直进行到只剩下一个连通分支时为止。

3.参考程序

```
//Kruskal 算法
# include<stdio.h>
```

```
# include<stdlib.h>
# define N 100
typedef struct
{
    int first;
    int rear;
    int weight;
}node;          //定义图中节点

int   find(int set[],int v)   //并查集中对根节点的查找
{
    int i;
    i=v;
    while(set[i]>0)
        i=set[i];
    return i;
}

int kruskal(node graph[],int n,int e)   //用 Kruskal算法构造最小生成树
{
    int i,j,v1,v2;
    int set[N];              //借助并查集实现避圈的效果
    for(i=1;i<=n;i++)
        set[i]=0;
    i=1;
    j=1;
    while(i<=e&&j<=n-1)
    {
        v1=find(set,graph[i].first);
        v2=find(set,graph[i].rear);
        if(v1!=v2)                //若不相等则算找到了一条边
        {
            printf("%d--%d--%d\n",graph[i].first,graph[i].rear,graph[i].weight);
            set[v1]=v2;          //对集合进行合并
            j++;
        }
        i++;
    }
    return 0;
}

int   sort(node graph[],int n,int e)   //对各边按权值进行选择排序
{
```

```
    int i,j,k;
    node t;
    for(i=1;i<e;i++)
    {
        k=i;
        for(j=i;j<=e;j++)
            if(graph[j].weight<graph[k].weight)
                k=j;
        if(i! =k)
        {
            t=graph[i];
            graph[i]=graph[k];
            graph[k]=t;
        }
    }
    return 0;
}


int main(void)
{
    node graph[N];
    int n,e,i=1;
    FILE  * fp;
    if((fp=fopen("c:\\input8.txt","rt"))==NULL)
    {
        printf("读取文件失败:\n");
        exit(0);
    }
    printf("等待从文件读入顶点的个数和边的条数……\n");
    fscanf(fp,"%d%d",&n,&e);
    printf("等待从文件中读入各边的两个顶点即边上的权值……\n");
    for(i=1;i<=e;i++)
    fscanf(fp,"%d%d%d",&graph[i].first,&graph[i].rear,&graph[i].weight);
    sort(graph,n,e);
    printf("所求的最小生成树边:\n");
    kruskal(graph,n,e);
    fclose(fp);
    return 0;
}
```

17.2.4 绕毛球

1.题目描述

小红和小南在进行绕毛球比赛,她们在软木板上按下了 p 个大头钉,她们给某些特定的大头钉之间的路径规定了长度,为了增加游戏难度,两个大头钉之间可能有多条路。比赛成功的条件是毛线都经过了 p 个大头钉,而且所用毛线总长度是最短的,请你给出她们每局比赛的答案。

Input

本题为多组输入。

每组测试第一行输入大头钉的数量 P(P＜50)和规定的路径数量 R(最大长度为 100),接下来的 R 行输入两个大头钉的编号和路线长度。

当 p＝0 时,输入结束。

Output

每行给出所用毛线的最短长度。

Sample Input

1 0

2 3
1 2 37
2 1 17
1 2 68

3 7
1 2 19
2 3 11
3 1 7
1 3 5
2 3 89
3 1 91
1 2 32

5 7
1 2 5
2 3 7
2 4 8
4 5 11
3 5 10
1 5 6
4 2 12

0

Sample Output

0

17

16

26

给出 n 个节点，再给出 m 条边，这 m 条边代表从 a 节点到 b 节点毛线的长度，现在要将所有节点都连起来，并且使长度最小。

2.题目分析

这是标准的最小生成树的问题，用 Prim 算法的时候需要注意的是它有重边，取边最小的那条线加入图里即可，但是 kruskal 算法可以忽略这个问题。

3.参考程序

```cpp
# include <iostream>
# include<cstdio>
using namespace std;
# define MAXV 51
# define inf 1<<29


int map[MAXV][MAXV];
int n,m;

void prim()
{
    int d[MAXV],vis[MAXV];
    int i,v,j,mi;
    for(i=1;i<=n;i++)
    {
        vis[i]=0;
        d[i]=map[1][i];
    }
    for(i=1;i<=n;i++)
    {
        mi=inf;
        for(j=1;j<=n;j++)
            if(! vis[j] && d[j]<mi)
            {
                mi=d[j];
                v=j;
            }
        vis[v]=j;
        for(j=1;j<=n;j++)
        {
            if(! vis[j] && map[v][j]<d[j])
                d[j]=map[v][j];
```

```
        }
    }
    for(d[0]=0,i=1;i<=n;i++)d[0]+=d[i];
    printf("%d\n",d[0]);
}


int main()
{
    int i,j,a,b,c;
    while(scanf("%d",&n)&& n)
    {
        scanf("%d",&m);
        for(i=0;i<=n;i++)
        {
            for(j=0;j<=n;j++)
                if(i!=j)map[i][j]=inf;
                else map[i][j]=0;
        }
        for(i=0;i<m;i++)
        {
            scanf("%d%d%d",&a,&b,&c);
            if(map[a][b]>c)map[a][b]=map[b][a]=c;
        }
        prim();
    }
    return 0;
}
```

17.2.5 士兵通信

1.题目描述

国防部(DND)要用无线网络连接北部几个哨所。每一个哨所都有一个无线电收发器,有一些哨所还有卫星信道。任何两个有卫星信道的哨所都可以通过卫星进行通信,而无须在意它们的位置。同时,当两个哨所之间的距离不超过 D 时可以通过无线电通信,D 取决于收发器的功率。功率越大,D 也越大,但成本更高。出于采购和维修的方便,所有哨所的收发器必须是相同的。那就是说,D 值对每一个哨所相同。你的任务是确定收发器的 D 的最小值。注意:每对哨所间至少要有一条通信线路(直接或间接)。

Input

输入的第一行是测试数据的数量 N。

每组测试数据的第一行包含卫星信道的数量 S($1 <= S <= 100$)和哨所的数量 P($S < P <= 500$)。接下来的 P 行,给出以公里为单位的每个哨所的坐标(x,y)(坐标为 0 到 10000 之间的整数)。

Output

对于每组测试数据输出一行,输出收发器的 D 的最小值(精确到小数点后两位)。

Sample Input

1

2 4

0 100

0 300

0 600

150 750

Sample Output

212.13

2.题目分析

先求最小生成树,再去掉最大的边,如果有大于 1 的 S 就可以使 D 减小,先把最大的边的两个点用 S 占据,重新找最大边,所以只需要把新的最大边的一个顶点与开始的最大边的一个顶点连接即可,这样就可以减少 S−2+1=S−1 条边。

3.参考程序

```cpp
# include <cstdio>
# include <iostream>
# include <cstring>
# include <cmath>
# include <algorithm>
# define INF 0x3f3f3f3f
# define d(x)cout << (x)<< endl
# define lson l, m, rt<<1
# define rson m+1, r, rt<<1
using namespace std;
typedef long ll;
const int mod = 1e9 + 7;
const int N = 5e2 + 10;

struct point
{
    double x, y;
} a[N];

struct node
{
    int to, next;
    double len;
} e[N * N];
```

```
int head[N * N];
int cnt;

int t, s, p, num;
double ans[N];

void add(int u, int v, double l)
{
    e[cnt].to = v;
    e[cnt].next = head[u];
    e[cnt].len = l;
    head[u] = cnt++;
}

void init()
{
    num = cnt = 0;
    memset(head, -1, sizeof(head));
}

double dis(int u, int v)
{
    return sqrt((a[u].x - a[v].x) * (a[u].x - a[v].x) + (a[u].y - a[v].y) * (a[u].y -
a[v].y));
}

void prim()
{
    double dist[N];
    int k;
    memset(dist, INF, sizeof(dist));
    for (int i = head[1]; i ! = -1; i = e[i].next)
    {
        dist[e[i].to] = e[i].len;
    }
    for (int i = 1; i <= p; i++)
    {
        double min = INF;
        for (int j = 1; j <= p; j++)
        {
            if (dist[j] ! = 0 && dist[j] < min)
            {
                min = dist[j];
```

```
                k = j;
            }
        }
        ans[num++] = min;
        dist[k] = 0;
        k = head[k];
        while(k ! = -1)
        {
            if(dist[e[k].to] ! = 0 && e[k].len < dist[e[k].to])
            {
                dist[e[k].to] = e[k].len;
            }
            k = e[k].next;
        }
    }
}


int main()
{
    for (scanf("%d", &t); t; t--)
    {
        init();
        scanf("%d%d", &s, &p);
        for (int i = 1; i <= p; i++)
        {
            scanf("%lf%lf", &a[i].x, &a[i].y);
            for(int j = 1; j < i; j++)
            {
                add(i, j, dis(i, j));
                add(j, i, dis(i, j));
            }
        }
        prim();
        sort(ans, ans + num);
        printf("%.2f\n", ans[p - s]);
    }
    return 0;
}
```

17.2.6　皇家学校施工

1.题目描述

皇家学校暑期正在进行道路施工,施工队有张表列出了任意两座教学楼修路费用和修路情况。学校为了实现在学校内任何两座教学楼之间都可以有路,问所有教学楼连通的最低成本。

Input

本题为多组输入。

每组数据第 1 行给出教学楼数目 N (1< N < 100),接下来的 N(N−1)/2 行对应教学楼间道路的成本及修建状态,每行给出 4 个正整数,分别是两座教学楼的编号(从 1 编号到 N)、修建成本、两座教学楼间的状态:1 表示已建,0 表示未建。

当 N 为 0 时,输入结束。

Output

每行输出最低成本。

Sample Input

3

1 2 1 0

1 3 2 0

2 3 4 0

3

1 2 1 0

1 3 2 0

2 3 4 1

3

1 2 1 0

1 3 2 1

2 3 4 1

0

Sample Output

3

1

0

2.题目分析

prim 算法从任意一个顶点开始,每次选择一个与当前顶点集最近的一个顶点,并将两个顶点之间的边加入树中。prim 算法在找当前最近顶点时使用到了贪心算法。

算法描述:

(1)在一个加权连通图中,顶点集合为 V,边集合为 E;

(2)任意选出一个点作为初始顶点,标记为 visit,计算所有与之相连接的点的距离,选择距离最短的,标记为 visit。

(3)重复以上操作,直到所有点都被标记为 visit。

在余下的点中,计算与已标记 visit 点距离最小的点,标记 visit 表明加入了最小生成树。

3.参考程序

```c
#include<stdio.h>
#include<string.h>
int point[110][110],flag[110];
int n,sum;

void prim()
{
    int i,j,k,v,min;
    flag[1]=1;
    sum=0;
    for(i=1;i<n;i++)
    {
        min=999999999;
        for(j=1;j<=n;j++)
            if(flag[j])
            {
                for(k=1;k<=n;k++)
                    if(! flag[k]&& min > point[j][k])
                    {
                        min=point[j][k];
                        v=k;
                    }
            }
        flag[v]=1;
        sum+=min;
    }
}

int main()
{
    int i,j,m,a,b,p,temp;
    while(scanf("%d",&n),n)
    {
        memset(flag,0,sizeof(flag));
        m=(n*(n-1))/2;
        for(i=0;i<m;i++)
        {
            scanf("%d%d%d%d",&a,&b,&p,&temp);
            {
                if(temp==1)
                    point[a][b]=point[b][a]=0;
```

```
        else
            point[a][b]=point[b][a]=p;
        }
    }
    prim();
    printf("%d\n",sum);
}
return 0;
}
```

17.2.7 小红帽找外婆

1.题目描述

小红帽住在湖中的一座岛上,而她的外婆住在湖中的另一座岛上。一天小红帽的妈妈让她去给外婆送苹果派。已知这片湖上有 n(2<=n<=200)座岛屿(从 1 到 n 标号),小红帽想看的动画快上映了,她想赶紧回家,于是打算跳着过湖,请你计算出从家到外婆家的最短距离(假设小红帽一步一个岛屿)。

Input

输入将包含一个或多个测试用例。每个测试用例的第一行包含岛屿数 n(2 <= n <= 200)。接下来的 n 行每行包含两个整数 xi、yi(0 <= xi,yi <= 1000),表示岛屿♯i 的坐标。岛屿♯1 是小红帽的岛屿,岛屿♯2 是外婆家的岛屿,其他 n−2 座岛屿是无人居住的。每个测试用例后面都有一个空白行,当 n=0,终止输入。

Output

先输出"Scenario ♯x", x 代表用例序号。接下来一行输出"Distance = y", y 代表答案。

每个用例后输出一个空行。

Sample Input

2

0 0

3 4

3

17 4

19 4

18 5

0

Sample Output

Scenario ♯1

Distance = 5.000

Scenario ♯2

Distance = 1.414

2.题目分析

本题使用 dijkstra 算法寻找两点之间的最短路径,思想就是选定一个点后,向后遍历所有点,直到选定点的最短距离全部求出为止。

算法思想:

(1)初始化:先找出从源点 V0 到各终点 Vk 的直达路径(V0,Vk),即通过一条弧到达的路径。

(2)选择:从这些路径中找出一条长度最短的路径(V0,u)。

(3)更新:然后对其余各条路径进行适当的调整,若图中存在弧(u,Vk),且(u,Vk)＋(V0,u)＜(V0,Vk),则以路径(V0,u,Vk)代替(V0,Vk)。

(4)在调整后的各条路径中,再找长度最短的路径,以此类推。

3.参考程序

```cpp
#include<cstdio>
#include<iostream>
#include<cstring>
#include<algorithm>
#include<cmath>
using namespace std;
const int maxn = (int)1e3 + 5;
#define INF 0x3f3f3f3f

struct edge
{
    int x,y;
}ss[maxn];
int t;
double map[maxn][maxn],dis[maxn];
int vis[maxn];
double lenn(double x1,double y1,double x2,double y2);
{
    return sqrt(abs(x1 − x2) * abs(x1 − x2)＋ abs(y1 − y2) * abs(y1 − y2));
}
double get_max(double a,double b);
{
    return a>b? a:b;
}
double dijkstra()
{
    for(int i = 1;i<=t;i++)
    {
```

```
                vis[i] = 0;
                dis[i] = map[1][i];
        }
        vis[1] = 1;
        dis[1] = 0.0;
        int pos = 1;
        for(int i = 1;i<t;i++)
        {
                for(int j = 1;j<=t;j++)
                {
                        if(! vis[j] && map[pos][j]<INF * 1.0 && get_max(dis[pos],map[pos][j])<dis[j])
                        {
                                dis[j] = get_max(dis[pos] ,map[pos][j]);
                        }
                }
                double minn = INF * 1.0;
                int v;
                for(int j = 1;j<=t;j++)
                {
                        if(! vis[j] && minn > dis[j])
                        {
                                minn = dis[j];
                                v = j;
                        }
                }
                vis[v] = 1;
                pos = v;
        }
        return dis[2];
}
int main()
{
        int k = 1;
        while(cin>>t && t)
        {
                for(int i = 1 ; i <= t ; i++)
                        scanf("%d %d",&ss[i].x,&ss[i].y);
                memset(vis ,0 ,sizeof(vis));
                memset(map , INF * 1.0 ,sizeof(map));
                for(int i = 1;i <= t ; i++)
                {
                for(int j = i+1 ;j <= t ; j++)
                {
```

```
            double len = lenn(ss[i].x * 1.0,ss[i].y * 1.0,ss[j].x * 1.0,ss[j].y * 1.0);
            map[i][j] = map[j][i] = len;
            }
        }
        printf("Scenario # %d\n",k++);
        printf("Distance = %.3lf\n\n",dijkstra());
    }
    return 0;
}
```

17.2.8 省钱方案

1.题目描述

学校在寒假修马路,为使任何两座教学楼都可以实现有路并且使道路总长度最短。请计算出最短的铺设道路总长度是多少。

Input

本组为多组输入。

每组数据的第一行给出教学楼数目 N (< 100),随后的 N(N−1)/2 行对应教学楼间的距离,每行给出三个正整数,分别是两座教学楼的编号以及距离。

当 N=0,输入结束。

Output

对每个测试用例,在一行里输出最短的公路总长度。

Sample Input

4

1 2 1

1 3 4

1 4 1

2 3 3

2 4 2

3 4 5

0

Sample Output

5

2.题目分析

本题是求最小生成树,使用 prim 算法求解。

3.参考程序

```
# include <stdio.h>
# include <string.h>
const int INF=0x3f3f3f3f;
int map[105][105], d[105], vis[105];
```

```
    int n, res, end;

void Prim()
{
    memset(d, INF, sizeof(d));
    memset(vis, 0, sizeof(vis));
    d[1] = 0;
    res = 0;
    for (int i = 1; i <= n;i++)
    {
        end = -1;
        for (int j = 1; j <= n;j++)
        {
            if (! vis[j]&&(end==-1||d[j]<d[end]))
            {
                end = j;
            }
        }
        vis[end] = 1;
        res += d[end];
        for (int j = 1; j <= n;j++)
        {
            if (! vis[j]&&d[j]>map[end][j])
            {
                d[j] = map[end][j];
            }
        }
    }
}

int main()
{
    while (scanf("%d",&n)&&n)
    {
        int N = n * (n - 1)/ 2;
        int s, e, c;
        for (int i = 0; i < N;i++)
        {
            scanf("%d%d%d", &s, &e, &c);
            map[s][e] = map[e][s] = c;
        }
        Prim();
        printf("%d\n", res);
```

```
    }
    return 0;
}
```

17.2.9　聪明人赚钱方式

1.题目描述

"利息套汇"有一种方式叫不抛补套利。即利用两国资金市场的利率差异,把短期资金从低利率的市场调到高利率的市场投放,以获取利差收益。假设 1 美元买入 0.5 英镑,1 英镑买入 10 法郎,1 法郎买入 0.21 美元。然后,通过兑换货币,你可以从 1 美元开始买入,0.5 * 10.0 * 0.21 = 1.05 美元,获利 5%。给你一张货币汇率表,请你判断套利是否可行。

Input

本题为多组输入。

每组测试用例的第一行输入货币数量 n(1 <= n <= 30)。接下来的 n 行每行输入一种货币名称。再下一行为汇率表的长度 m。最后 m 行输入货币的名称 ni,从 ni 到 nj 的汇率货币的名称为 cj。

当 n=0,结束输入。

Output

对于每个测试用例,分别以"Case i:"格式打印一行,接着输出"Yes"或者"No"。

Sample Input

3

USDollar

BritishPound

FrenchFranc

3

USDollar 0.5 BritishPound

BritishPound 10.0 FrenchFranc

FrenchFranc 0.21 USDollar

3

USDollar

BritishPound

FrenchFranc

6

USDollar 0.5 BritishPound

USDollar 4.9 FrenchFranc

BritishPound 10.0 FrenchFranc

BritishPound 1.99 USDollar

FrenchFranc 0.09 BritishPound

FrenchFranc 0.19 USDollar

0

Sample Output

Case 1：Yes

Case 2：No

2.题目分析

本题的思路就是确定能否通过交换货币(货币互换存在利率)，使钱得到增加。这里给的顶点是货币的英文名，为了方便简洁，用 map 将货币名与编号一一对应。

此题有多种解法，注意到顶点最大为 30，可用 Floyd 算法求出整个图的最短路径，注意此处并不是真正的最短路径，但通过插点，即 i－＞j 能否改成 i－＞k－＞j 的路，就会把环给考虑至少一次，那么对应的 path[i][i] 也就是本金肯定是增加的(相对于初值)，为了方便，将本金设为 1。

3.参考程序

```
#include<iostream>
#include<cstdio>
#include<cstring>
#include<map>
using namespace std;
int n,m;
double dis[40][40];
map<string,int> money;
int main()
{
    int cas = 1;
    string s,ss;
    double r;
    while(~scanf("%d",&n)&&n)
    {
        memset(dis,0,sizeof(dis));
        for(int i = 0;i < n;i++)
            for(int j = 0;j < n;j++)
                if(i == j)
                    dis[i][j] = 1;
        for(int i = 0;i < n;i++)
        {
            cin>>s;
            money[s] = i;
        }
        scanf("%d",&m);
        for(int i = 0;i < m;i++)
        {
            cin>>s>>r>>ss;
            dis[money[s]][money[ss]] = r;
```

```
    }
    for(int k = 0;k < n;k++)
        for(int i = 0;i < n;i++)
            for(int j = 0;j < n;j++)
                if(dis[i][j] < dis[i][k] * dis[k][j])
                    dis[i][j] = dis[i][k] * dis[k][j];
    printf("Case %d：",cas++);
    for(int i = 0;i < n;i++)
    {
        if(dis[i][i] > 1)
        {
            printf("Yes\n");
            break;
        }
        else if(i == n - 1)
            printf("No\n");
    }
    }
    return 0;
}
```

17.2.10　李华回家

1.题目描述

李华放暑假了,现在要从学校回家。因为家和学校在同一个市区,所以李华可以选择走路回家或者是坐地铁。假设李华步行速度为 10 km/h,地铁速度为 40 km/h。两个相邻的地铁站点可以坐地铁,其他的时候都需要走路。李华想早点回到家里,请你帮忙计算回家的最短时间是多少?

Input

输入李华学校的坐标$(x1,y1)$和家的坐标$(x2,y2)$,接下来输入地铁线路(个数不超过200)的信息,按顺序输入该条地铁线路上的地铁站位置坐标(xi,yi),其中 xi 和 yi 的单位是 m。同一条地铁线路的相邻两个站点是直线(双向),并且李华从地铁站上地铁不花费时间,每条地铁线路都以$(-1,-1)$表示终点。

Output

输出李华到家的最短时间(单位为秒,并四舍五入)。

Sample Input

0 0 10000 1000

0 200 5000 200 7000 200 −1 −1

2000 600 5000 600 10000 600 −1 −1

Sample Output

21

2.题目分析

计算出车站与车站之间的车行时间,还要计算出任意两点间的步行距离,然后以时间为边权建图,再跑一遍最短路径。

3.参考程序

```c
#include <stdio.h>
#include <algorithm>
#include <iostream>
#include <cstring>
#include <queue>
#include <math.h>
using namespace std;
const double inf = 0x3f3f3f3f;
const int maxn = 100100;
const double walk = 10000 / 60;//转换单位为 m/s
const double car = 40000 / 60;//转换单位为 m/s
int head[maxn],inq[maxn],tot,cnt;
double dis[maxn];
struct node
{
    double x;
    double y;
}nod[maxn];
struct edge
{
    int v;
    int next;
    double w;
}edg[maxn];
//求距离
double len(double x1,double y1,double x2,double y2)
{
    return sqrt((x1 - x2) * (x1 - x2) + (y1 - y2) * (y1 - y2));
}
void addnode(int u,int v,double w)
{
    edg[tot].v = v;
    edg[tot].w = w;
    edg[tot].next = head[u];
    head[u] = tot++;
}
void SPFA()
{
```

```
    for(int i = 1;i <= cnt;i++) dis[i] = 100000000;
    memset(inq,0,sizeof(inq));
    queue<int>Q;
    Q.push(1);
    inq[1] = 1;
    dis[1] = 0;
    while(! Q.empty())
    {
        int u = Q.front();
        Q.pop();
        inq[u] = 0;
        for(int i = head[u];i ! = -1;i = edg[i].next)
        {
            int v = edg[i].v;
            double w = edg[i].w;
            if(dis[v] > dis[u] + w)
            {
                dis[v] = dis[u] + w;
                if(! inq[v])
                {
                    Q.push(v);
                    inq[v] = 1;
                }
            }
        }
    }
}

int main()
{
    scanf("%lf %lf %lf %lf",&nod[1].x,&nod[1].y,&nod[2].x,&nod[2].y);
    cnt = 3;
    tot = 0;
    //flag 表示是否是某一个站点的第一位
    int flag = 0;
    memset(head,-1,sizeof(head));
    //输入站点并计算在同一线路上相邻车站之间的车行时间
    while(scanf("%lf %lf",&nod[cnt].x,&nod[cnt].y)! = EOF)
    {
        if(nod[cnt].x ! = -1 && nod[cnt].y ! = -1)
        {
            if(! flag) flag = 1;
            else
            {
```

```
        double w = len(nod[cnt].x,nod[cnt].y,nod[cnt - 1].x,nod[cnt - 1].y);
        w /= car;
        addnode(cnt,cnt - 1,w);
        addnode(cnt - 1,cnt,w);
    }
    cnt++;
    }
    else
        flag = 0;
}
//记录各点之间的步行时间
for(int i = 1;i <= cnt;i++)
{
    for(int j = i + 1;j <= cnt;j++)
    {
        double w = len(nod[i].x,nod[i].y,nod[j].x,nod[j].y);
        w /= walk;
        addnode(i,j,w);
        addnode(j,i,w);
    }
}
SPFA();
printf("%.0f\n",dis[2]);
return 0;
}
```

17.3　相关拓展

17.3.1　斗鸡比赛

1.题目描述

现在有 n 只公鸡参加了斗鸡大赛。每只鸡的训练水平不同,它们的战斗等级也是不同的。每次比赛由两只公鸡参加,如果公鸡 x 的战斗等级高于公鸡 y,那么 x 获得胜利。

比赛的举办人旺仔先生想按照战斗等级对参赛鸡排名,知道有多少只公鸡的战斗等级是可以确定的,方便他提前买下这些公鸡,所以给出 M(1<=M<=4 500)轮的比赛结果,请你帮帮旺仔先生。

Input

第一行输入公鸡数目 N 和比赛轮次 M。接下来的 M 行每行包含公鸡 A 和公鸡 B,第一只公鸡是该轮比赛的胜利方。

Output

输出可以确定等级的公鸡数量。

Sample Input

5 5

4 3

4 2

3 2

1 2

2 5

Sample Output

2

2.参考程序

```cpp
#include<iostream>
#include<cstdio>
#include<cstring>
#include<string>
#include<queue>
using namespace std;
const int N = 107;
const int M = 10007;
int a[N][N];
int main()
{
    int n, m;
    while (~scanf("%d %d", &n, &m))
    {
        for (int i = 1; i <= n; ++i)
        {
            for (int j = 1; j <= n; ++j)
            {
                a[i][j] = 0;
            }
        }
        int u, v;
        for (int i = 1; i <= m; ++i)
        {
            scanf("%d %d", &u, &v);
            a[u][v] = 1;
        }
        for (int k = 1; k <= n; ++k)
        {
            for (int i = 1; i <= n; ++i)
```

```
            {
                for (int j = 1; j <= n; ++j)
                {
                    if (! a[i][j] && a[i][k] && a[k][j])
                    {
                        a[i][j] = 1;
                    }
                }
            }
        }
        int ans = 0;
        for (int i = 1; i <= n; ++i)
        {
            int count = 0;
            for (int j = 1; j <= n; ++j)
            {
                if (a[i][j] || a[j][i])
                {
                    count++;
                }
            }
            if (count == n-1)
            {
                ans++;
            }
        }
        printf ("%d\n", ans);
    }
    return 0;
}
```

17.3.2　火车站

1.题目描述

远途出行的方式有时是通过坐火车,火车轨道相连的是两个城市的火车站,每个火车站能且只能到达一个站点,如果需要去其他城市,只能通过转换站点到达。请问城市 A 到城市 B 最少需要转换多少次站点。

Input

第一行输入城市网络中的交叉点数 N(2 <= N <= 100,),城市 A 和城市 B(1 <= A,B <= N),接下来 N 行中输入第 i 个交叉点出来的轨道数 Ki(0 <= Ki <= N−1)和

输入表示直接连接到第 i 个交叉点的交叉点。第 i 个交叉点的开关最初指向列表的第一个交叉点的方向。

Output

输出的第一行为最小次数。如果没有从 A 到 B 的轨道,则输出−1。

Sample Input

3 2 1

2 2 3

2 3 1

2 1 2

Sample Output

0

2.题目分析

本题使用 dijkstra 算法求解,但图节点的权值可统一设定为 1,求出最短路径即可。

3.参考程序

```cpp
#include <cstdio>
#include <algorithm>
#include <queue>
#include <cstring>
using namespace std;
typedef pair<int,int> PII;
const int MAXN=222;
const int MAXM=MAXN * MAXN/2;
const int INF=0x3f3f3f3f;
int head[MAXN],to[MAXM<<1],ne[MAXM<<1],wt[MAXM<<1],n,m,dist[MAXN],ecnt;
void init()
{
    ecnt=0;
    memset(head,0,sizeof(head));
}
void addedge(int a,int b,int c)
{
    ne[++ecnt]=head[a];
    head[a]=ecnt;
    to[ecnt]=b;
    wt[ecnt]=c;
}
int vis[MAXN];
priority_queue<PII> pq;
```

```
//s 为源点,t 为终点,路径权值非负
int dijkstra(int s,int t)
{
    for(int i=1;i<=n;i++)
        dist[i]=INF,vis[i]=0;
    dist[s]=0;
    pq.push(PII(0,s));
    while(! pq.empty())
    {
        int milb=pq.top().second;
        pq.pop();
        if(vis[milb])
            continue;
        vis[milb]=1;
        for(int j=head[milb];j;j=ne[j])
        {
            int v=to[j];
            if(! vis[v]&&dist[v]>dist[milb]+wt[j])
            {
                dist[v]=dist[milb]+wt[j];
                pq.push(PII(-dist[v],v));
            }
        }
    }
    return dist[t];
}
int main()
{
    int ta,tb,ss,tt;
    scanf("%d%d%d",&n,&ss,&tt);
    for(int i=1;i<=n;i++)
    {
        scanf("%d",&ta);
        for(int j=0;j<ta;j++)
        {
            scanf("%d",&tb);
            addedge(i,tb,j! =0);
        }
    }
    int ans;
```

```
    ans=dijkstra(ss,tt);
    if(ans==INF)
        ans=-1;
    printf("%d\n",ans);
    return 0;
}
```

实验18 最短路径——动态规划

18.1 实验目的

1.掌握有向网的成本邻接矩阵表示法；

2.基本掌握动态规划法的原理方法；

3.可以运用动态规划递推算法实现多段图问题的求解。

18.2 实例分析

18.2.1 多段图的最短路径问题

1.题目描述

假设图 G=(V,E)是一个带权有向图,如果把顶点集合 V 划分成 k 个互不相交的子集 Vi(2<=k<=n,1<=i<=k),使得 E 中的任何一条边<u,v>,必有 u∈Vi, v∈Vi+m (1<=i<k,1<i+m<=k),则称图 G 为多段图,s∈V1 为源点,t∈Vk 为终点。多段图的最短路径问题为从源点到终点的最小代价路径。

Input

多段图的代价矩阵。

Output

最短长度及路径 c[n][n]。

2.题目分析

设 Cuv 表示多段图的有向边<u,v>上的权值,将从源点 s 到终点 t 的最短路径长度记为 d(s,t),考虑原问题的部分解 d(s,v),有下式成立：

$$d(s,v)=Csu \qquad (<s,v>∈E)$$
$$d(s,v)=min(d(s,u)+Cuv) \qquad (<u,v>∈E)$$

(1)循环变量 j 从 1~n-1 重复下述操作,执行填表工作。

　　①考察顶点 j 的所有边,对于边<i,j>∈E,执行下述操作。

　　　　1.1.1cost[j]=min{cost[i]+c[i][j]}；

　　　　1.1.2path[j]=使 cost[i]+c[i][j]最小的 i。

　　②j++。

(2)输出最短路径长度 cost[n-1]。

(3)循环变量 i=path[n-1],循环直到 path[i]=0,输出最短路径经过的顶点。

①输出 path[i]。

②i＝path[i]。

3.参考程序

```cpp
#include<iostream>
#include<algorithm>
#include<stdio.h>
#define Max 0xffff
using namespace std;
//动态规划求最短路径
void dp_path(int c[][100], int * cost, int * path)
{
    int m, n;
    cout << "输入顶点个数和边个数" << endl;
    cin >> n >> m;
    //初始化代价矩阵
    for (int i = 0; i < n; i++)
        for (int j = 0; j < n; j++)
            c[i][j] = Max;
    //输入代价矩阵
    int u, v, s;
    for (int i = 0; i < m; i++)
    {
        cin >> u >> v >> s;
        //cout<<u<<v<<s<<endl;
        c[u][v] = s;
    }
    for(int i=0;i<n;i++)
        cost[i]=Max;
    path[0] = -1;
    cost[0] = 0;
    for (int j = 1; j < n; j++)
    {
        for (int i = j-1; i >=0; i--)
        {
            if (cost[j] > cost[i] + c[i][j])
            {
                path[j] = i;
                cost[j] = cost[i] + c[i][j];
            }
        }
    }
    cout<<cost[n-1]<<endl;
```

```
        int i=path[n-1];
        cout<<path[n-1]<<endl;
        while(path[i]>=0)
        {
            cout<<path[i]<<endl;
            i=path[i];
        }
    }
    int main()
    {
        int c[100][100], cost[100], path[100];
        dp_path(c, cost, path);
        getchar();
        return 0;
    }
```

18.2.2 最大子段和

1.题目描述

给定 n 个整数(可能但不全为负)a1,a2,…,an,求 i、j,使 ai 到 aj 的和最大。例如:有 6 个数:$-2,11,-4,13,-5,-2$,如果最大和记作 ms(p,q),显然 ms(1,6)=20,i=2,j=4。

2.题目分析

如果记 b[j]=max{sum(i:j), $1<=i<=j$},则 max{b[k],$1<=k<=n$}就是 ms(1, n),即所求的全局最大和;如果 b[j]=max(b[j−1]+a[j], a[j]),则 $1<=j<=n$,据此设计出最大子段和的动态规划算法,其复杂度为 O(n)。

3.参考程序

```
int MaxSum(int n, int a[])
{
    int sum = 0, b = 0;
    for(int i=1; i <= n; ++i)
    {if ( b > 0 )
            b += a[i];
    else
            b = a[i];
    if ( b > sum )
        sum = b;
    }
    return sum;
}
```

18.3 相关拓展

18.3.1 动态规划之 Dijkstra 算法求最短路径

1.题目描述

试用 C 语言实现求有向网每对节点之间最短路径的数据结构和动态规划递推算法,要求算法能输出每条最短路径节点序列。

王老师家住在 A 地,他要去学生 B、C、D、E、F、H 家进行家访,已知每名学生家的地址及其之间的距离,现在求从王老师家到每名学生家的最短路径。

2.题目分析

用图的邻接矩阵 matrix[][]表示各地之间的距离,A 到 j 的最短路径表示为 dist[j]＝min{matrix[A][j], dist[i]＋matrix[i][j]}(动态规划的递推算法),dist[j]初始化为 matrix[A][j]。关键是 i 的含义:i＝{i,min(dist[i])}, i 属于未求出最短路径的点。

3.参考程序

```
＃include "stdafx.h"
＃include<vector>
＃include<iostream>
using namespace std;
//定义图的邻接表
struct MGraph
{
    int matrix[4][4];
    int n;//顶点数
    int e;//边数
    MGraph(int x, int y): n(x), e(y){};
};
//求最短路径
/ *
graph:图
dist:最短路径长度
path:最短路径途经的最后一站
* /
//Dijkstra 方法
void  DijkstraPath(MGraph * graph, int * dist, int * path,int v0)
{
    vector<bool> flag;//最短路径是否已求
    //距离初始化
    for(int i＝0;i<graph->n; i++)
    {//连通
        if(graph->matrix[v0][i]>＝0)
```

```
                {
                    dist[i]＝graph－＞matrix[v0][i];
                    path[i]＝v0;
                }
                else
                {
                    dist[i]＝INT_MAX;
                    path[i]＝－1;
                }
                flag.push_back(false);
            }
        flag[v0]＝true;
        for(int i＝1; i＜flag.size(); i＋＋)
        {//每次循环求出一个目的地的最短路径
            int min＝INT_MAX;
            int u;//记录每次求出最短路径的点
            for(int j＝0; j＜graph－＞n; j＋＋)
            {
                if(flag[j]＝＝false&&dist[j]＜min)
                {
                    min＝dist[j];
                    u＝j;
                }
            }
            flag[u]＝true;//去除已知节点
            //更新 dist 距离
            for(int k＝0; k＜graph－＞n; k＋＋)
            {
                if(flag[k]＝＝false&&graph－＞matrix[u][k]＞0&&dist[u]＋graph－＞matrix[u]
[k]＜dist[k])
                {
                    dist[k]＝dist[u]＋graph－＞matrix[u][k];
                    path[k]＝u;
                }
            }
        }
    }
    int main()
    {
        int a[4][4]＝{{0,30,40,70},{30,0,－1,35},{40,－1,0,65},{70,35,65,0}};
        MGraph ＊graph＝new MGraph(4,5);
        for(int i＝0; i＜4; i＋＋)
        {
```

```
        for(int j=0; j<4; j++)
        {
            graph->matrix[i][j]=a[i][j];
            cout<<graph->matrix[i][j]<<' ';
        }
        cout<<endl;
    }
    int dist[4]={-2,-2,-2,-2};
    int path[4]={-2,-2,-2, 2};
    DijkstraPath(graph,dist,path,0);
    for(int i=0; i<4; i++)
    {
        cout<<path[i]<<endl;
    }
    return 0;
}
```

18.3.2 动态规划之求解最长公共子序列问题(题号:1041)

1.题目描述

若给定序列 $X=\{x1,x2,\cdots,xm\}$,则序列 $Z=\{z1,z2,\cdots,zk\}$ 是 X 的子序列,是指存在一个严格递增下标序列 $\{i1,i2,\cdots,ik\}$ 使得对于所有 $j=1,2,\cdots,k$ 有 $zj=xij$。例如:序列 $Z=\{B,C,D,B\}$ 是序列 $X=\{A,B,C,B,D,A,B\}$ 的子序列,相应的递增下标序列为 $\{2,3,5,7\}$。给定 2 个序列 X 和 Y,当另一序列 Z 既是 X 的子序列又是 Y 的子序列时,称 Z 是序列 X 和 Y 的公共子序列。给定 2 个序列 $X=\{x1,x2,\cdots,xm\}$ 和 $Y=\{y1,y2,\cdots,yn\}$,找出 X 和 Y 的最长公共子序列。

2.题目分析

(1)用 L[i][j] 表示子序列 xi 和 yj 的最长公共子序列的长度,动态规划函数为:

$$L[i][j] = L[i-1][j-1] + 1, xi 等于 yj$$
$$= \max(L[i][j-1], L[i-1][j]), xi 不等于 yj$$

边界条件第 0 行和第 0 列均为 0,即 $L[i][0] = L[0][j] = 0$。

(2)因为既要求出最大长度,又要寻找公共最长子序列,所以在填表 L[i][j] 过程中,再填一个表 S[i][j]。

若 xi 等于 yj,设置 S[i][j] = 1;

若 xi 不等于 yj,并且 len[i + 1][j] >= len[i][j + 1],设置 S[i][j] = 2;

若 xi 不等于 yj,并且 len[i + 1][j] < len[i][j + 1],设置 S[i][j] = 3;

填表 S[i][j]。

3.参考程序

```
maxCommonChar(char [] a, char [] b)
{
    int m = a.length;
```

```
int n = b.length;
int [][] len = new int[m + 1][n + 1];//保存动态规划过程中的公共子序列长度
int [][] flags = new int[m + 1][n + 1];//保存动态规划过程中的标志位
for(int i = 0; i <= m - 1; i++)
{//实现动态规划函数
    for(int j = 0; j <= n - 1; j++)
    {
        if(a[i] == b[j])
        {//规划函数
            len[i + 1][j + 1] = len[i][j] + 1, a[i] == b[j]
            len[i + 1][j + 1] = len[i][j] + 1;
            flags[i + 1][j + 1] = 1;//设置标志位
        }
        else
            if(len[i + 1][j] >= len[i][j + 1])
            {
                len[i + 1][j + 1] = len[i + 1][j];
                flags[i + 1][j + 1] = 2;
            }
            else
            {
                len[i + 1][j + 1] = len[i][j + 1];
                flags[i + 1][j + 1] = 3;
            }
    }
}
int k = len[m][n]; //最长公共子序列长度
char [] commonChars = new char[k];//保存最长公共子序列
int i = m, j = n;  //从右下角的格子出发
for(;i > 0 && j > 0;)
{
    if(flags[i][j] == 1)
    {//只有标志位为1,相应位置上的字符才为公共字符
        commonChars[k - 1] = a[i - 1];
        k--;
        i--;
        j--;  //往斜上方的格子移动
    }
    else
        if(flags[i][j] == 2)
        {
            j--;  //往左侧的格子移动
        }
```

```
        else
        {
            i－－;   //往上方的格子移动
        }
    }
    System.out.println("最长公共子序列长度为:" + len[m][n]);
    System.out.print("最长公共子序列为:");
    for(int l = 0; l <= len[m][n] － 1; l++)
    {
        System.out.print(commonChars[l] + " ");
    }
}
```

实验19　回溯算法——树的相关知识

19.1　实验目的

1. 掌握回溯法基本要素、回溯法解题的基本思想；
2. 掌握回溯算法的设计方法；
3. 针对子集和数问题，熟练掌握回溯算法、迭代算法的设计与实现。

19.2　实例分析

19.2.1　旅行推销员问题

1.题目描述

一个旅行推销员必须访问 n 个城市，恰好访问每个城市一次，并最终回到出发城市。旅行推销员从城市 i 到城市 j 的旅行费用是一个整数，旅行所需的全部费用是他旅行经过的各地费用之和，而推销员希望使整个旅行费用最低（等价于求图的最短哈密尔顿回路问题）。令 G＝(V，E)是一个带权重的有向图，顶点集 V＝(v0，v1，…，vn－1)。从图中任一顶点 vi 出发，经图中所有其他顶点一次且只有一次，最后回到同一顶点 vi 的最短路径。

2.题目分析

旅行推销员问题的解空间是一颗排列树。把所有的解列出来，形成一棵树，利用剪枝深度优先进行遍历，遍历的过程记录和寻找最优解（剪枝就是将一条不是最优解的分支剪去），对于排列树的回溯搜索与生成 1，2，3，…，n 的所有列的递归算法 Perm 类似。开始时 x＝[1，2，…，n]，则相应的排列树由 x[1:n]的所有排列构成。在 backTrack 函数中算法的主要流程可以归结如下：

①当 i＝n 时，当前扩展节点是排列树的叶节点的父节点。此时算法检测图 G 是否存在一条从顶点 x[n－1]到顶点 x[n]的边和一条从顶点 x[n]到顶点 1 的边。如果这两条边都存在，则找到一条回路。此时算法还需要判断这条回路的代价是否优先于已找到的当前最优回路的代价，如果是则更新当前解。

②当 i＜n 时，当前扩展节点位于排列树的第 i－1 层。图 G 中存在从顶点 x[i－1]到顶点 x[i]的边时，x[1:i]构成图 G 的一条路径，且当 x[1:i]的代价小于当前的最优值时，更新最优路径，否则剪去相应的子树。

3.参考程序

// TravelSaler.cpp：定义控制台应用程序的入口点
//旅行推销员问题用回溯算法求解

```
# include "stdafx.h"
# include <iostream>
# include <fstream>
# include<stdlib.h>
using namespace std;
ifstream fin("input.txt");
const int N = 4;//图的顶点数
template<class Type>
class Traveling
{
    template<class Type>
    friend Type TSP(Type * * a, int n);
private:
    void Backtrack(int i);
    int n, // 图 G 的顶点数
        * x, // 当前解
        * bestx; // 当前最优解
    Type * * a, // 图 G 的领接矩阵
        cc, // 当前费用
        bestc; // 当前最优值
    int NoEdge; // 无边标记
};
template <class Type>
inline void Swap(Type &a, Type &b);
template<class Type>
Type TSP(Type * * a, int n);
int main()
{
    cout << "图的顶点个数 n=" << N << endl;
    int * * a = new int *[N + 1];
    for (int i = 0; i <= N; i++)
    {
        a[i] = new int[N + 1];
    }
    cout << "图的邻接矩阵为:" << endl;
    for (int i = 1; i <= N; i++)
    {
        for (int j = 1; j <= N; j++)
        {
            fin >> a[i][j];
            cout << a[i][j] << " ";
        }
    }
```

```
            cout << endl;
        }
        cout << "最短回路的长为:" << TSP(a, N)<< endl;
        for (int i = 0; i <= N; i++)
        {
            delete[]a[i];
        }
        delete[]a;
        a = 0;
        system("pause");
        return 0;

    }

template<class Type>
void Traveling<Type>::Backtrack(int i)
{
    if (i == n)
    {
        if (a[x[n - 1]][x[n]] ! = 0 && a[x[n]][1] ! = 0 &&
            (cc + a[x[n - 1]][x[n]] + a[x[n]][1] < bestc || bestc == 0))
        {
            for (int j = 1; j <= n; j++)bestx[j] = x[j];
            bestc = cc + a[x[n - 1]][x[n]] + a[x[n]][1];
        }
    }
    else
    {
        for (int j = i; j <= n; j++)
        {
            // 是否可进入 x[j]子树
            if (a[x[i - 1]][x[j]] ! = 0 && (cc + a[x[i - 1]][x[i]] < bestc || bestc == 0))
            {
                // 搜索子树
                Swap(x[i], x[j]);
                cc += a[x[i - 1]][x[i]]; //当前费用累加
                Backtrack(i + 1);      //排列向右扩展,排列树向下一层扩展
                cc -= a[x[i - 1]][x[i]];
                Swap(x[i], x[j]);
            }
        }
    }
}
```

```
}
template<class Type>
Type TSP(Type * * a, int n)
{
    Traveling<Type> Y;
    Y.n = n;
    Y.x = new int[n + 1];
    Y.bestx = new int[n + 1];
    for (int i = 1; i <= n; i++)
    {
        Y.x[i] = i;
    }

    Y.a = a;
    Y.cc = 0;
    Y.bestc = 0;
    Y.NoEdge = 0;
    Y.Backtrack(2);
    cout << "最短回路为:" << endl;
    for (int i = 1; i <= n; i++)
    {
        cout << Y.bestx[i] << " --> ";
    }
    cout << Y.bestx[1] << endl;
    delete[] Y.x;
    Y.x = 0;
    delete[] Y.bestx;
    Y.bestx = 0;
    return Y.bestc;
}

template <class Type>
inline void Swap(Type &a, Type &b)
{
    Type temp = a;
    a = b;
    b = temp;
}
```

其中 input.txt 的内容为:

0 30 6 4

30 0 5 10

6 5 0 20

4 10 20 0

19.2.2　8 皇后问题

1.题目描述

在 n＊n 的国际象棋棋盘中放 n 个皇后,规则是皇后能吃掉同一行、同一列、同一对角线的任意棋子,求任意两个皇后都不能互相吃掉的所有解。

2.题目分析

设 n 个皇后为 xi,它们分别在第 i 行(i=1,2,3,4,…,n),这样问题的解空间就是一个 n 个皇后所在列的序号,为 n 元一维向量(x1,x2,x3,x4,x5,x6,x7,…,xn),搜索空间是1<＝xi<＝n(i=1,2,3,4,…,8),共 88 个状态。约束条件是 8 个(1,x1),(2,x2),(3,x3),(4,x4),(5,x5),(6,x6),(7,x7),(n,xn)不在同一行、同一列和同一对角线上。约束条件不在同一列的表达式为 xi!＝xj;而在同一主对角线上时 xi−i=xj−j,在同一负对角线上时 xi+i=xj+j。因此,不在同一对角线上的约束条件表示为 abs(xi−xj)!＝abs(i−j),(abs()为取绝对值函数)。

3.参考程序

```
//非递归回溯算法//
#include<stdio.h>
int a[20],n;
queen2(   )
{
    input(n);
    backdate(n);
}
backdate (int n)
{
    int k;   a[1]=0;   k=1;
    while( k>0 )
    {
        a[k]=a[k]+1;//第 k 个皇后先摆一位置或回溯后摆放下一处位置
        while ((a[k]<=n)and (check(k)=0))//搜索第 k 个皇后位置
            a[k]=a[k]+1;//第 k 个皇后上一位置不合适,尝试换下一位置,剔除所有不合适位置
if( a[k]<=n)//找到合适位置且未出界
        if(k=n )
            output(n);        //找到一组解
        else
        {
            k=k+1;//继续为第 k+1 个皇后找到位置
            a[k]=0;
        }//保证下一个皇后一定要从头开始搜索
```

```
        else　k＝k－1;　//已出界说明上一个皇后位置须后移,剔除另一种形式的不合适位置,回溯
    }
}
//递归回溯算法
int a[20],b[20],c[40],d[40];
int n,t,i,j,k;            //t 记录解的个数
queen3(  )
{
    int i;
    input(n);
    for(i=1;i<=n;i++)
    {
        b[i]=0;//列占用记录
        c[i]=0；c[n+i]=0;//主对角线占用记录
        d[i]=0；d[n+i]=0;//副对角线占用记录
    }
    try(1);
}
try(int i)
{
    int j;
    for(j=1;j<=n;j++)           //第 i 个皇后有 n 种可能位置
        if (b[j]=0)and (c[i+j]=0)and (d[i-j+n]=0)
        {
            a[i]=j;              //摆放皇后
            b[j]=1;              //占领第 j 列
            c[i+j]=1；d[i-j+n]=1;  //占领两个对角线
            if (i<n)
                try(i+1);//n 个皇后没有摆放完,递归摆放下一个皇后
            else
                output( );        //完成任务,打印结果
            b[j]=0；c[i+j]=0;  d[i-j+n]=0;//回溯
        }
}
```

19.3　相关拓展

19.3.1　0/1 背包问题

1.题目描述

给定 n 种物品和一个容量为 C 的背包,物品 i 的重量是 wi,其价值为 vi,0/1 背包问题是如何选择物品装入背包(物品不可分割),使得装入背包中物品的总价值最大。

2.题目分析

当前节点加下一个节点的重量小于或等于总的背包容量进入左子树,也就是说第 i 个物品被装入背包,进入右子树时,应将总重量和总价值由左子树的值恢复原值。

3.参考程序

```cpp
//非递归回溯求解
#include<iostream>
using namespace std;
const int n = 3;                   //物品个数
const int C = 25;                  //背包容量
int bestP = 0;                     //最大价值
int  w[n] = {20,15, 10};           //物品重量
int  p[n] = {20,30, 25};           //物品价值
int cp = 0;                        //当前背包价值
int cw = 0;                        //当前背包重量


//w[n]存储物品的重量,p[n]存储价值
//用这个方法排序,单位价值由大到小
void sortValue(int w[], int p[],int n)
{
    int index;
    int temp;   //暂存变量
    for(int i = 0; i < n - 1; i++)
    {
        index = i;
        for(int j = i + 1; j < n; j++)
        {
            //单位重量价值的比较
            if((p[j] / w[j])> (p[index] / w[index]))
            {
                index = j;
            }
        }
        if(index ! = i)//交换记录,同时更新 w 和 p 数组
        {
            //交换价值记录
            temp = p[index];
            p[index] = p[i];
            p[i] = temp;
            //交换重量记录
            temp = w[index];
            w[index] = w[i];
            w[i] = temp;
```

```
        }
    }
}
int Bound(int i)
{
    //计算节点所对应价值的上界
    int cleft = C − cw;   //剩余容量
    int b = cp;
    //以物品单位重量价值递减顺序装入物品
    while(i < n && w[i] <= cleft)
    {
        cleft −= w[i];
        b += p[i];
        i++;
    }
    if(i <= n)
    {
        b += p[i] * cleft / w[i];
    }
    return b;
}


//递归回溯求解 0/1 背包,寻找可行解
void BackTrack(int i)
{

    if(i > n − 1)
    {
        bestP = cp;
        return;
    }
    if(cw + w[i] <= C)   //当前节点加下一个节点的重量小于或等于总的背包容量
    {                    //进入左子树,也就是说 w[i] 被装入背包
        cw = cw + w[i]; //背包当前的重量
        cp = cp + p[i];  //当前获得的价值
        BackTrack(i + 1);
        //回溯,进入右子树
        cw = cw − w[i];
        cp = cp − p[i];
    }
    if(Bound(i+1) > bestP)
    {
        BackTrack(i + 1);
```

```
        }
    }


    void putPackage(int w[],int p[])
    {
        BackTrack(0);    //从根节点开始
        cout<<"背包的最大价值:"<<bestP<<endl;
    }


    int main()
    {
        for(int i = 0; i < n; i++)
        {
            cout<<w[i]<<" ";
        }
        cout<<endl;
        for(int i = 0; i < n; i++)
        {
            cout<<p[i]<<" ";
        }
        cout<<endl;
        putPackage(w,p);
        system("pause");
        return 0;
    }
```

实验 20　分支限界算法

20.1　实验目的

1. 掌握分支限界算法解题的基本思想和设计方法;
2. 区分分支限界算法与回溯算法,加深对分支限界算法的理解;
3. 理解分支限界算法中的限界函数应遵循正确、准确、高效的设计原则。

20.2　实例分析

20.2.1　TSP 的分支限界算法

1. 题目描述

某推销员要到若干城市去推销商品,已知各城市之间的路程(或旅费)。他要选定一条从驻地出发,经过每个城市一次,最后回到驻地的路线,使总路程(或总旅费)最短(或最少)。

2. 题目分析

用分支限界求解旅行商问题,其解空间是一个排列树。有两种基本的实现方法:第一种是只使用一个优先队列,队列中的每个元素中都包含到达根的路径。第二种是保留一部分解空间树和一个优先队列,优先队列中的元素并不包含到达根的路径。

3. 参考程序

对于 TSP,需要利用上界和下界来对 BFS 进行剪枝,通过不断更新上界和下界,尽可能地排除不符合需求的 child,以实现剪枝。最终,当上界和下界等同时,我们可以获得最优的 BFS 解,以解决 TSP 问题。

```
//分支限界法
#include<iostream>
#include<algorithm>
#include<cstdio>
#include<queue>
const int INF = 100000;
const int MAX_N = 22;
using namespace std;
//n * n 的一个矩阵
int n;
int cost[MAX_N][MAX_N];//最少 3 个点,最多 MAX_N 个点
```

```
struct Node
{
    bool visited[MAX_N];//标记哪些点走了
    int s;//第一个点
    int s_p;//第一个点的邻接点
    int e;//最后一个点
    int e_p;//最后一个点的邻接点
    int k;//走过的点数
    int sumv;//经过路径的距离
    int lb;//目标函数的值(目标结果)
    bool operator <(const Node &p)const
    {
        return p.lb < lb;//目标函数值小的先出队列
    }
};
priority_queue<Node> pq;//创建一个优先队列
int low, up;//下界和上界
bool dfs_visited[MAX_N];//在 dfs 过程中搜索过
//利用 dfs(属于贪心算法)确定上界,贪心算法的结果是一个大于实际值的估测结果
int dfs(int u, int k, int l)//当前节点,目标节点,已经消耗的路径
{
    if (k == n) return l + cost[u][1];//如果已经检查了 n 个节点,则直接返回路径消耗＋第 n
//个节点回归起点的消耗
    int minlen = INF, p;
    for (int i = 1; i <= n; i++)
    {
        if (! dfs_visited[i] && minlen > cost[u][i])//取与所有点的连边最小的边
        {
            minlen = cost[u][i];//找出对于每一个节点,其可达节点中最近的节点
            p = i;
        }
    }
    dfs_visited[p] = true;//以 p 为下一个节点继续搜索
    return dfs(p, k + 1, l + minlen);
}
void get_up()
{
    dfs_visited[1] = true;//以第一个点作为起点
    up = dfs(1, 1, 0);
}
//用这种简单粗暴的方法获取必定小于结果的一个值
void get_low()
{
```

```
//取每行最小值之和作为下界
low = 0;
for (int i = 1; i <= n; i++)
{
    int tmpA[MAX_N];
    for (int j = 1; j <= n; j++)
    {
        tmpA[j] = cost[i][j];
    }
    sort(tmpA + 1, tmpA + 1 + n);//对临时的数组进行排序
    low += tmpA[1];
}
}
int get_lb(Node p)
{
    int ret = p.sumv * 2;//路径上点的距离的二倍
    int min1 = INF, min2 = INF;//起点和终点连出来的边
    for (int i = 1; i <= n; i++)
    {
        //cout << p.visited[i] << endl;
        if (! p.visited[i] && min1 > cost[i][p.s])
        {
            min1 = cost[i][p.s];
        }
        //cout << min1 << endl;
    }
    ret += min1;
    for (int i = 1; i <= n; i++)
    {
        if (! p.visited[i] && min2 > cost[p.e][i])
        {
            min2 = cost[p.e][i];
        }
        cout << min2 << endl;
    }
    ret += min2;
    for (int i = 1; i <= n; i++)
    {
        if (! p.visited[i])
        {
            min1 = min2 = INF;
            for (int j = 1; j <= n; j++)
            {
```

```
                if (min1 > cost[i][j])
                    min1 = cost[i][j];
            }
            for (int j = 1; j <= n; j++)
            {
                if (min2 > cost[j][i])
                    min2 = cost[j][i];
            }
            ret += min1 + min2;
        }
    }
    return (ret + 1)/ 2;
}


int solve()
{
    //贪心算法确定上界
    get_up();
    //cout << up << endl;//test
    get_low();
    //取每行最小边的和作为下界
    //cout << low << endl;//test
    //设置初始点,默认从1开始
    Node star;
    star.s = 1;//起点为1
    star.e = 1;//终点为1
    star.k = 1;//走过了1个点
    for (int i = 1; i <= n; i++)
    {
        star.visited[i] = false;
    }
    star.visited[1] = true;
    star.sumv = 0;//经过的路径距离进行初始化
    star.lb = low;//让目标值先等于下界
    int ret = INF;//ret为问题的解
    pq.push(star);//将起点加入队列
    while (pq.size())
    {
        Node tmp = pq.top();pq.pop();
        if (tmp.k == n - 1)//如果已经走过了n-1个点
        {
            //找到最后一个没有经过的点
            int p;
```

```
for (int i = 1; i <= n; i++)
{
        if (! tmp.visited[i])
        {
                p = i;//让没有经过的那个点为最后那个能走的点
                break;
        }
}
int ans = tmp.sumv + cost[p][tmp.s] + cost[tmp.e][p];
//已消耗＋回到开始消耗＋走到 p 的消耗
//如果当前的路径和比所有的目标函数值都小,则跳出
if (ans <= tmp.lb)
{
        ret = min(ans, ret);
        break;
}
else//否则继续求其他可能的路径和,并更新上界
{
        up = min(up, ans);//上界更新为更接近目标的 ans 值
        ret = min(ret, ans);
        continue;
}
}
//当前点可以向下扩展的点入优先级队列
Node next;
for (int i = 1; i <= n; i++)
{
    if (! tmp.visited[i])
    {
        //cout << "test" << endl;
        next.s = tmp.s;//沿着 tmp 走到 next,起点不变
        next.sumv = tmp.sumv + cost[tmp.e][i];//更新路径和
        next.e = i;//更新最后一个点
        next.k = tmp.k + 1;//更新走过的顶点数
        for (int j = 1; j <= n; j++) next.visited[j] = tmp.visited[j];
        //tmp 经过的点也是 next 经过的点
        next.visited[i] = true;//更新当前点
        //cout << next.visited[i] << endl;
        next.lb = get_lb(next);//求目标函数
        //cout << next.lb << endl;
        if (next.lb > up)continue;//如果大于上界就不加入队列
        pq.push(next);//否则加入队列
        //cout << "test" << endl;
```

```
            }
        }
        //cout << pq.size()<< endl;BUG:测试为 0
    }
    return ret;
}
int main()
{
    cin >> n;
    for (int i = 1; i <= n; i++)
    {
        for (int j = 1; j <= n; j++)
        {
            cin >> cost[i][j];
            if (i == j)
            {
                cost[i][j] = INF;
            }
        }
    }
    cout << solve()<< endl;
    return 0;
}
/ * 测试
5
100000 5 61 34 12
57 100000 43 20 7
39 42 100000 8 21
6 50 42 100000 8
41 26 10 35 100000
36 */
```

20.2.2　博物馆的安保

1.题目描述

有一个 N×M 规格的矩形博物馆,里面放置了从世界各地海淘回来的贵重宝物。现在想举办一个展示会,请了某安保公司来负责安保,现在由你在博物馆里给保安安排位置。这些保安不仅可以管理自己所在的区域,还可以管理他所在区域的前后左右 4 个博物馆区域。所以请你设计出若使博物馆的每一个区域都在保安的管理之下,那么所用的保安的数目最少应是多少人。

Input

第一行输入博物馆的规模 m 和 n(1<=m,n<=20)。

Output

第一行先输出保安数目。

接下来的 m 行 n 列输出你设计的保安位置规划图。0 表示无保安,1 表示有保安。

Sample Input

4 4

Sample Output

4

0 0 1 0

1 0 0 0

0 0 0 1

0 1 0 0

2.题目分析

为了使用优先队列,采用了一种启发式策略。即每次先搜索第一行最少的使用次数。

但这是不对的,因为当上面一行为空时,我们可以选择不在它下面放 1,可以在它下两行放 1,或者在它下一行的左边放 1,或者在它下一行的右边放 1,事实上最优解的构成也是这样创建的。

3.参考程序

```cpp
#include <iostream>
#include <queue>
#include <cstring>
#include <cstdio>
using namespace std;
const int maxn=200;
int m,n;
int ans;
int ans2[maxn][maxn];
struct Node
{
    int set2[maxn][maxn];
    int loc;
    int sum;
    Node(){};
    Node(int _set2[][maxn],int _loc,int _sum)
    {
        for(int i=1; i<maxn; i++)
        {
            for(int j=1; j<maxn; j++)
                set2[i][j]=_set2[i][j];
        }
        loc=_loc;
```

```
                sum=_sum;
        };
        friend bool operator <(Node a,Node b)
        {
                return a.sum>b.sum;
        }
};
void solve()
{
        priority_queue<Node>q;
        ans=1e7;
        for(int i=0; i<(1<<n); i++)
        {
                int j=i;
                int sum=0;
                int vis2[maxn][maxn];
                memset(vis2,0,sizeof(vis2));
                for(int s=1; s<=n; s++)
                {
                        if(j&1<<(s-1))
                        {
                                if(vis2[i][s]==0)
                                        vis2[1][s]=1;
                                if(vis2[1][s-1]==0)
                                        vis2[1][s-1]=2;
                                if(vis2[1][s+1]==0)
                                        vis2[1][s+1]=2;
                                if(vis2[2][s]==0)
                                        vis2[2][s]=2;
                                sum++;
                        }
                }
                int t=1;
                q.push(Node(vis2,t,sum));
        }
        while(! q.empty())
        {
                Node u=q.top();
                int loc=u.loc;
                q.pop();
                if(ans<=u.sum)continue;
```

```
if(u.loc==m+1)
{
    bool flag=false;
    for(int i=1; i<=m&&! flag; i++)
    {
        for(int j=1; j<=n&&! flag; j++)
            if(u.set2[i][j]==0)
                flag=true;
    }
    if(flag)continue;
    if(ans>u.sum)
    {
        ans=u.sum;
        for(int i=1; i<maxn; i++)
        {
            for(int j=1; j<maxn; j++)
                ans2[i][j]=u.set2[i][j];
        }
        for(int i=1; i<=n; i++)
        {
            if(ans2[m+1][i]==1)
            {
                ans2[m][i]=1;
                ans++;
            }
        }
    }
}
int sum=0;
int se2[maxn][maxn];
memset(se2,0,sizeof(se2));
for(int i=0; i<=m; i++){
    for(int j=0; j<maxn; j++)
        se2[i][j]=u.set2[i][j];
}
for(int i=1; i<=n; i++)
{
    if(se2[loc][i]==0)
    {
        if(se2[loc][i]! =1)
            se2[loc][i]=2;
        if(se2[loc+1][i+1]! =1)
            se2[loc+1][i+1]=2;
```

```
                    if(se2[loc+1][i-1]! =1)
                        se2[loc+1][i-1]=2;
                    if(se2[loc+1][i]! =1)
                        se2[loc+1][i]=1;
                    if(se2[loc+2][i]! =1)
                        se2[loc+2][i]=2;
                    sum++;
                }
            }
            q.push(Node(se2,u.loc+1,sum+u.sum));
        }
}

int main()
{
    while(~scanf("%d%d",&m,&n))
    {
        if(m==0&&n==0)break;
        memset(ans2,0,sizeof(ans2));
        solve();
        cout<<ans<<endl;
        bool flag=false;
        if(! flag)
        {
            for(int i=1; i<=m; i++)
            {
                for(int j=1; j<=n; j++)
                    if(ans2[i][j]==1)
                    {
                        printf("1 ");
                    }
                    else
                        printf("0 ");
                cout<<endl;
            }
            cout<<endl;
        }
        else
            puts("-1");
    }
    return 0;
}
```

20.3　相关拓展

20.3.1　0/1 背包问题

1.题目描述

给定 n 件物品和一个容量为 C 的背包,物品 i 的重量是 wi,其价值为 vi,0/1 背包问题是如何选择物品装入背包(物品不可分割),使得装入背包中物品的总价值最大。

2.题目分析

我们可以把背包看成棋盘,物品看成棋子。0/1 背包问题和 8 皇后问题一样都是放东西的一个过程,并考虑一定的约束条件判断是否减去(不放)。设置一个 Bound 上界函数(剪枝函数),一个 BackTrack 回溯函数。

3.参考程序

```
int Bound(int i)       //上界函数
{
    int cleft = c - cw;   // 剩余容量
    int b = cp;
    while (i <= n && w[i] <= cleft)
    {
        cleft -= w[i];
        b += p[i];
        i++;
    }        // 以物品单位重量价值递减顺序,一件一件装入物品
    if (i <= n)
        b += p[i]/w[i] * cleft;       // 装满背包
    return b;
}


void backtrack(int i)
{
    //i用来指示到达的层数(第几步,从 0 开始),同时也指示当前选择了几件物品
    int bound(int i);
    if(i>n)        //递归结束的判定条件
    {
        bestp = cp;
        return;
    }
    //如若左子节点可行,则直接搜索左子树
    //对于右子树,先计算上界函数,以判断是否将其减去
    if(cw+w[i] <= c)       //将物品 i 放入背包,搜索左子树
    {
```

```
        cw += w[i];           //同步更新当前背包的重量
        cp += v[i];           //同步更新当前背包的总价值
        put[i] = 1;
        backtrack(i + 1);//深度搜索进入下一层
        cw -= w[i];           //回溯复原
        cp -= v[i];           //回溯复原
    }
    //如若符合条件则搜索右子树
    if(bound(i + 1) > bestp)
        backtrack(i + 1);   //深度搜索进入下一层
}
```

20.3.2 巡逻大队

1.题目描述

原始部落 byteland 中的居民们为争夺有限的资源,经常发生冲突。大部分居民都有他的仇敌。部落酋长想要组织一支队伍保卫部落,希望从部落的居民中选出最多的居民入伍,并保证队伍中任何 2 个人都不是仇敌。给定 byteland 部落中居民间的仇敌关系,编程计算组成部落卫队的最佳方案。

第一行输入居民数 n 和居民关系 m,接下的 m 行输入居民编号 a 和 b,代表他们是敌人的关系。

Input

第一行有 2 个正整数 n 和 m,表示 byteland 部落中有 n 个居民 (n<=100),居民间有 m 个仇敌关系。接下来的 m 行中,每行有 2 个正整数 u 和 v,表示居民 u 与居民 v 是仇敌(居民编号为 $1,2,\cdots,n$)。

Output

第一行是部落保卫队的最多人数。第二行是保卫队组成 x_i(1<=i<=n),x_i=0 表示居民 i 不在保卫队中,x_i=1 表示居民 i 在保卫队中。

Sample Input

7 10

1 2

1 4

2 4

2 3

2 5

2 6

3 5

3 6

4 5

5 6

Sample Output

3

1 0 1 0 0 0 1

2.题目分析

本题是无向图,深度优先搜索 dfs,有边的 2 个点是双向连通,查找方案时,可以从编号小的开始查找不冲突的居民,每增加一个居民,保证该居民与这套方案已有的居民都不冲突,找到一套方案后,如果总居民数增多,就把这个方案保存下来,输出最大居民数的方案。用二维数组存放敌对关系,然后递归即可,两个参数(x,y),此时是第几个"村民"和"保卫队"里已经有多少个"村民",边界:x>n,只要 sum>maxn 就保存数据。当然递归也是有条件的,用 vis 数组遍历从第一个"村民"到当前"村民"有没有用过,如果用过,就要判断当前"村民"是不是他的仇人。

3.参考程序

```
#include<cstdio>
int n,m,maxn;
int a[102][102],b[102],maxx[102];
bool check(int k)
{
    for(int i=1;i<=k;i++)
    if(b[i]==1&&a[i][k]==1)
        return 0;
    return 1;
}//判断当前"村民"能不能用
void wzy(int x,int sum)
{
    if(x>n)
    {
        if(sum>maxn)//如果大于就保存
        {
            maxn=sum;
            for(int i=1;i<=n;i++)
            maxx[i]=b[i];//其实可以直接清零,因为 b 就 1 和 0 两种结果,都是可以赋值的
        }
        return;
    }
    if(check(x))
    {
        b[x]=1;
        wzy(x+1,sum+1);//选择当前这个"村民"
        b[x]=0;//记录数组要归零
    }
    wzy(x+1,sum);//不选当前这个"村民"
}
```

```
int main()
{
    freopen("tribe.in","r",stdin);
    freopen("tribe.out","w",stdout);//文件输入、输出
    scanf("%d%d",&n,&m);
    for(int i=1;i<=m;i++)
    {
        int x,y;
        scanf("%d%d",&x,&y);
        a[x][y]=1;
        a[y][x]=1;//存入敌对关系,注意如果i和j为仇敌,那么j和i一定为仇敌,所以正反都要存
    }
    wzy(1,0);//从第一个"村民"开始递归
    printf("%d\n",maxn);    for(int i=1;i<=n;i++)
    printf("%d ",maxx[i]);//输出解
    return 0;
}
```

实验 21 广度和深度优先

21.1 实验目的

1.掌握图的基本概念和图的遍历；

2.掌握图的深度优先（DFS）与广度优先搜索（BFS）算法；

3.理解深度、广度优先算法的设计原则,能灵活运用该类搜索算法解决实际问题。

21.2 实例分析

21.2.1 教学楼的距离

1.题目描述

李华在统计校园中教学楼的距离,两栋教学楼的相隔距离由它们之间的道路长度表示,如果说两栋教学楼的距离相隔距离不超过 x（$1 <= x <= 1\,000\,000\,000$,则称这是 x 型路。请你帮他计算出相隔距离不超过 x 的教学楼的组数。

Input

第一行输入教学楼数 N（$2 <= N <= 40\,000$）和道路数目 M（$1 <= M < 40\,000$）。

接下来的 M 行,每一行输入一条道路的信息,两栋教学楼 A1、A2,道路长度 L（$1 <= L <= 1\,000$）,从 A1 到 A2 的方向 D（用 N、S、W、E）。

第 M+2 行,相隔距离 x。

Output

输出 x 型路的教学楼组数。

Sample Input

7 6 //7 栋楼 6 条路

1 6 13 E //楼 1 和楼 6 东向路长度 13

6 3 9 E

3 5 7 S

4 1 3 N

2 4 20 W

4 7 2 S

10

Sample Output

5

2.题目分析

此题将分支限界算法应用在树上,即树分治,就是把一颗子树中的路径分别计算,然后递归到子树中,再经下一步的计算直到子树只有一个点,这个操作是基于点的所以叫点分治。本题还要使用双指针手法。

3.参考程序

```cpp
#include<iostream>
#include<cstring>
#include<cstdio>
#include<algorithm>
#define MAX 40005
using namespace std;
int tot=0,ans=0;
int n,m,k,to[2*MAX],next[2*MAX],head[MAX],value[2*MAX];
int u[MAX],t,size[MAX],f[MAX],done[MAX];
struct wbysr
{
    int belong,dis;
}a[MAX];
bool cmp(wbysr a1,wbysr a2)
{
    return a1.dis<a2.dis;
}
void add(int from,int To,int weight)
{
    to[++tot]=To;
    next[tot]=head[from];
    value[tot]=weight;
    head[from]=tot;
}
void dfs(int x,int fa)
{
    u[++t]=x;
    size[x]=1;
    f[x]=0;
    for(int i=head[x];i;i=next[i])
        if(! done[to[i]]&&to[i]! =fa)
            dfs(to[i],x),size[x]+=size[to[i]],f[x]=max(f[x],size[to[i]]);
    return;
}
int find_root(int x)
{
    t=0;
```

```
        dfs(x,0);
        int Min=0x7fffffff,p;
        for(int i=1;i<=t;i++)
            if(max(size[x]-size[u[i]],f[u[i]])<=Min)
                Min=max(size[x]-size[u[i]],f[u[i]]),p=u[i];
        return p;
}
void dfs2(int x,int fa,int Belong,int dist)
{
        a[++t].belong=Belong;
        a[t].dis=dist;
        for(int i=head[x];i;i=next[i])
            if(! done[to[i]]&&to[i]! =fa)
                dfs2(to[i],x,Belong,dist+value[i]);
        return;
}
inline void calc(int x)
{
        t=0;
        a[++t].belong=x;
        a[t].dis=0;
        for(int i=head[x];i;i=next[i])
            if(! done[to[i]])
                dfs2(to[i],x,to[i],value[i]);
        sort(a+1,a+1+t,cmp);
        int r=t,same[MAX]={0};
        for(int i=1;i<=t;i++)
            same[a[i].belong]++;
        for(int l=1;l<=t;l++){
            while(a[l].dis+a[r].dis>k&&r>l)
                same[a[r].belong]--,r--;
            same[a[l].belong]--;
            if(r>l)
                ans+=r-l-same[a[l].belong];
        }
}
inline void work(int x)
{
        int root=find_root(x);
        done[root]=1;
        calc(root);
        for(int i=head[root];i;i=next[i])
            if(! done[to[i]])
```

```
            work(to[i]);
        return;
    }
    int main()
    {
        scanf("%d%d",&n,&m);
        for(int i=1;i<=m;i++)
        {
            int a1,a2,a3;
            char ch;
            scanf("%d%d%d %c",&a1,&a2,&a3,&ch);
            add(a1,a2,a3);
            add(a2,a1,a3);
        }
        scanf("%d",&k);
        ans=0;
        work(1);
        printf("%d\n",ans);
        return 0;
    }
```

21.2.2　N 的 10 位朋友

1.题目描述

给定一个 N,请你求出 N 由 1、0 构成的十进制整数 M,使 M 为 N 的某个倍数,且满足该条件的最小数(如 2 对应的 10)。

Input

本题为多组输入,每组测试案例输入一个整数 N。

当 N==0 时,停止输入。

Output

输出一行 N 的一个满足条件的最小倍数。

Sample Input

34

0

Sample Output

111010

2.题目分析

典型的深度优先搜索问题,分为两个搜索路线 tmp * 10,tmp * 10+1。

3.参考程序

include <iostream>

```cpp
#include <queue>
using namespace std;
long long n;
queue <long long> q1;
void init()
{
    while(! q1.empty())
    {
        q1.pop();
    }
    q1.push(1);
}
bool bfs()
{
    long long top;
    while(! q1.empty())
    {
        top=q1.front();
        q1.pop();
        if(top>=n&&top%n==0)
        {
            cout<<top<<endl;
            return true;
        }
        else
        {
            q1.push(top*10);
            q1.push(top*10+1);
        }
    }
    return false;
}
int main()
{
    cin>>n;
    while(n)
    {
        init();
        bfs();
        cin>>n;
    }
    return 0;
}
```

21.2.3　m 到 n

1.题目描述

给定两个正整数 m、n，通过加 1、乘 2 和平方这三种计算方式将 m 变化到 n，请你计算出这样的转换最少需要几次。

Input

第一行输入两个 10 000 以内的正整数 m 和 n，且 m 小于 n。

Output

输出从 m 变化到 n 的最少次数。

Sample Input

25 999

Sample Output

14

2.题目分析

本题采用广度有限搜索可求出结果。

3.参考程序

```
#include <iostream> #include <queue> //因为下面使用了队列容器，所以要添加头文件
using namespace std; int visited[1000]; //定义数组，用来标记 i 是否被扩展，初始化全为 0
int m,n;                    //输入初始的数 m, n
int temp;                   //定义一个临时变量，用来接收队列对头的元素
void bfs()
{
    queue<int> q;          //定义一个队列
    q.push(m);             //将初始节点 m 加入队列
    visited[m] = 1;        //初始 visited 数组全为 0
    visited[m] = 1;        //表示节点 m 是第一层上的已经扩展的节点
    while(! q.empty())     //如果队列非空，说明仍然有节点可以扩展
    {
        temp = q.front();  //取出队列头节点
        q.pop();           //取出之后将其从队列中去掉
        if(temp == n)      //搜索停止的条件，即找到目标元素
        {
            cout << visited[n] - 1 << endl;   //参考队列节点的赋值，这里要打印 visited[n]-1
            return ;
        }
        if(temp + 1 <= n && visited[temp+1] == 0)  //如果加 1 后得到的节点可以扩展
        //且是第一次出现(这样节省工作量)，那么就将节点存入队列
        {
            q.push(temp + 1);
            visited[temp+1] = visited[temp] + 1;  //子节点的层数是父节点 + 1
```

```
    }
    if(temp * 2 <= n && visited[temp * 2] == 0)
    {
        q.push(temp * 2);
        visited[temp * 2] = visited[temp] + 1;
    }
    if(temp * temp <= n && visited[temp * temp] == 0)
    {
        q.push(temp * temp);
        visited[temp * temp] = visited[temp] + 1;
    }
    }
}
int main()
{
    cin >> m >> n;
    bfs();    //调用广度优先搜索函数
    return 0;
}
```

21.3　相关拓展

21.3.1　设备部件

1.题目描述

学校的实验室在组建一个研究设备,这个设备的部件可以从很多不同的商家购买,由于学校经费有限,现在列出了商家和设备部件的信息表,请你计算出购买价格不超过 D 的最小重量的设备部件。

Input

第一行输入设备部件的个数 n,商家数目 m,最大价格 D,($1 <= n, m <= 100$)。接下来 n 行输入 m 个 weight[i][j](第 i 个部件在第 j 个商家的重量),最后 n 行输入 m 个 cost[i][j](第 i 个部件在第 j 个商家的价格)。

Output

输出的第一行为不超过 D 的对应重量,接下来输出 n 个整数,表示每个部件对应的商家编号。

Sample Input

3 3 4

1 2 3

3 2 1

2 2 2

1 2 3

```
3 2 1
2 2 2
```

Sample Output

```
4
1 3 1
```

2.题目分析

本题意为有 n 个部件,每个部件有 m 个供应商用于购买,如何选择供应商(并满足价格不超出预算)使得总重量最小。就像我们组装电脑的时候,如何选择配件的品牌和型号使得在预算之内组装一台性能过硬的电脑。回溯的作用主要是去除超出预算的选择。因此,在超出预算的情况下,即目前总价格加上当前选择的供应商价格之和大于预算时,就需要选择下一个供应商,如果没有下一个了,就返回到上一个部件,令上一个部件选择下一个供应商,以此类推。

3.参考程序

```c
#include <stdio.h>
int n;
int m;
int d;
int w[100][100];//重量
int p[100][100];//价格
int price,weight,min;
int temp[100],best[100];
void dfs(int t)
{
    if(t==n){
        if(price<=d && weight<min)
        {
            min=weight;
            for(int i=0;i<n;i++)
                best[i]=temp[i];
        }
        return ;
    }
    for(int i=0;i<m;i++)
    {
        weight+=w[t][i];
        price+=p[t][i];
        temp[t]=i;
        if(price<=d && weight<min)
            dfs(t+1);
        weight-=w[t][i];
        price-=p[t][i];
```

```
                temp[t]=0;
            }
}
int main()
{
    scanf("%d %d %d",&n,&m,&d);
    for(int i=0;i<n;i++)
    {
        for(int j=0;j<m;j++)
        {
            scanf("%d",&p[i][j]);
        }
    }
    for(int i=0;i<n;i++)
    {
        for(int j=0;j<m;j++)
        {
            scanf("%d",&w[i][j]);
        }
    }
    price=0;
    min=9999;
    weight=0;
    dfs(0);
    printf("%d\n",min);
    for(int i=0;i<n;i++)
    {
        printf("%d  ",best[i]+1);
    }
    printf("\n");
}
```

21.3.2 相加等式

1.题目描述

现在有互不相同的 N 个数字的数列,请你找到这样的等式,即在数列里取任意的数字相加的结果仍在 N 个数字的数列内。

Input

第一行输入数列个数 N,接下来输入 N 个数列元素。

Output

输出符合条件的等式一行一式,输出格式看样例。

Sample Input

6

1 3 5 7 8 9

Sample Output

$1+7=8$

$1+8=9$

$3+5=8$

$1+3+5=9$

2.题目分析

本题使用 dfs 方法搜索,为了优化程序可加一个 pre(上一次选数的位置),要把限制的界进行改动(选择几个加数),所以最多会出现 n−1 个加数,最少会出现 2 个加数,界就应该从 2～n−1,每次改变界的时候进行搜索。

3.参考程序

```
#include<iostream>
#include <set>
using namespace std;
int n,num[110],q;
set<int> s;
bool flag[10001],fir;
void dfs(int sum,int pre,int dep)
{
    if(dep==q+1)
    {
        if(s.count(sum))
        {
            fir=1;
            for(int i=1;i<=n;i++)
            {
                if(flag[i])
                {
                    if(! fir)
                        cout<<"+"<<num[i];
                    else
                    {
                        cout<<num[i];
                        fir=0;
                    }
                }
            }
            cout<<"="<<sum<<endl;
        }
        return;
```

```
    }
    for(int i=pre;i<=n;i++)
    {
        if(! flag[i])
        {
            flag[i]=1;
            dfs(sum+num[i],i+1,dep+1);
            flag[i]=0;
        }
        else break;
    }
    return;
}
int main()
{
    cin>>n;
    for(int i=1;i<=n;i++)
    {
        cin>>num[i];
        s.insert(num[i]);
    }
    for(q=2;q<n;q++)
    {
        dfs(0,1,1);
    }
    return 0;
}
```

第 3 篇

综合项目

项目1 通用计算器设计

1.1 实验目的

1.掌握队列的存储结构及其基本操作的实现,并能根据应用问题的需要选择合适的数据结构,灵活运用队列特性,综合运用程序设计、算法分析等知识解决实际问题;

2.掌握循环顺序队列存储方式的类型定义,掌握循环顺序队列的基本运算的实现。

1.2 项目要求

设计一个通用计算器,使其具有如下功能:

1.实现在界面上完成计算器类型的选择,可实现普通算术计算器和科学计算器的功能;

2.完成界面设计;

3.普通计算器含加、减、乘、除运算的无括号计算器(分支及循环结构);

4.带一重括号有加、减、乘、除运算的计算器(栈);

5.带多重括号有加、减、乘、除运算的计算器(栈);

6.输入有误有提示的无括号四则运算计算器(栈);

7.输入有误有提示可修改的带多重括号四则运算计算器(栈);

8.带部分初等函数 $\sin, \sin^{-1}, \log, a^b$ 和进制转换的计算器(数值计算)。

项目 2 全功能五子棋游戏设计

2.1 实验目的

1.掌握队列、栈的存储结构及其基本操作的实现,并能根据应用问题的需要选择合适的数据结构,灵活运用队列特性,综合运用程序设计、算法分析等知识解决实际问题;

2.掌握循环顺序队列存储方式的类型定义,掌握循环顺序队列的基本运算的实现。

2.2 项目要求

五子棋对弈规则如下:

主要功能是实现两人之间的对弈,在画好的棋盘上,两个玩家轮流选择自己的落子坐标,然后由五子棋系统自动识别游戏的进展,当一方的棋子连成一条线或者棋盘已经无法落子时游戏结束。

选定五子棋的棋盘大小为 19 * 19,玩家可以在这个棋盘上选择落子坐标位置,通过在棋盘上显示不同的符号来代替不同玩家所下的棋子,"o"代表 A 玩家,"﹡"代表 B 玩家。玩家每次落子之后游戏系统都会对落子位置进行检查,如果落子坐标输入有错应提示错误,并要求玩家继续输入。当出现同一玩家五子连成一条线时,无论是行、列或是对角线的五子连线,都表示玩家游戏胜利,退出游戏。

任务:编程实现以下功能:

1.欢迎主界面

设计丰富的用户界面,方便用户操作,提示玩家选择游戏开始、游戏结束、设置悔棋次数等。

2.绘制棋盘

该模块要求的功能是实现棋盘的显示及棋子的显示,"o"代表 A 玩家,"﹡"代表 B 玩家。在每次下棋后要对棋盘进行刷新,将棋盘的状态更新为当前最新状态,然后等待另一个玩家下棋。

3.玩家交替下棋

玩家能在棋盘上下棋,玩家每次选择好下棋的行坐标和列坐标,并在该位置落子。要求:提示当前玩家输入落子坐标,能判断用户输入的坐标是否正确(坐标超出范围或该处已有棋子),当二人对战中途停止下棋时,下次可继续下棋(文件的读写保存)。

4.悔棋功能

玩家选择悔棋后刷新棋盘,删除前一次的落子,悔棋次数有限制。

5.输赢判断

判断输赢模块的作用是每次玩家落子后判断是否已分出胜负,如果是,则返回胜利者相关信息。

6.拓展部分

实现简单的人机对战(搜索算法),带启发式搜索的人机对战(智能的搜索算法)和联机下棋(网络编程)功能。

项目 3　十五谜数字游戏

3.1　实验目的

1.能根据应用问题的需要选择合适的数据结构并进行界面设计,能综合运用程序设计、算法分析等知识解决实际问题;

2.掌握搜索策略,优先队列,A * 算法思想;

3.能通过算法比较,进行复杂度分析。

3.2　项目要求

十五谜数字游戏描述如下:

在一个有 16 格的方形棋盘上放有 15 块已编号的牌。对于这些牌给定的一种初始排列,要求通过一系列的合法移动将初始排列转换成目标排列(如下图所示)。合法移动:每次将一个邻接于空格的牌移动到空格位置。(注:并不是所有的初始状态都能变换成目标状态的)。

1	3	4	15
2		5	12
7	6	11	14
8	9	10	13

1	2	3	4
5	6	7	8
9	10	11	12
13	14	15	

(a)一种初始排列　　　　　　　　　(b)目标排列

请选择合适的编程语言,实现十五谜数字游戏基本操作:

1.能让玩家进行游戏,记录过程与步骤;

2.输出初始排列到目标排列的最小移动步数;

3.输出初始排列到目标排列的移动过程。

项目 4 数独游戏

4.1 实验目的

1.能根据应用问题的需要选择合适的数据结构并进行界面设计,能综合运用程序设计、算法分析等知识解决实际问题;

2.掌握栈、队列等数据结构内容,掌握搜索策略及相关的剪枝技术进行算法优化;

3.能通过算法比较,进行复杂度分析。

4.2 项目要求

数独游戏描述如下:

该游戏是在 9×9 的单元网格中进行,这些网格被分成 9 行、9 列和 3×3 个九宫格。单元网格中已有若干数字,其余均为空格。玩家需要推理出所有剩余空格的数字,并满足每一行、每一列、每一个小九宫格内的数字均含 1~9 且不重复。每一道合格的"数独"谜题都有且仅有唯一答案。

请选择合适的编程语言,实现数独数字游戏基本操作:

1.能让玩家进行游戏,记录过程与步骤;

2.能为玩家进行提示(如上图中的数字 9)。

5.1 实验目的

1.掌握运用链表及其操作；

2.掌握运用数据的排序算法及字符串匹配算法；

3.掌握运用文件进行操作。

5.2 项目要求

编程实现顺序存储结构的电话本的建立、插入、删除、修改、逆置、查找、输出等基本操作。本信息包含身份证号、姓名、性别、地址、电话。基本操作包括信息的添加,信息的显示,信息的修改(修改单一属性),将内存中的信息保存到文件中,将文件中的信息加载到内存中(每次程序运行数据就会丢失),信息的删除,智能匹配的信息查询功能(按照各自的属性查找,字符串匹配算法),给每一条信息设置唯一的标识 id,通信录的销毁,电话号码簿可建群组。

项目6　航空客运订票系统

6.1　实验目的

1.掌握队列的存储结构及其基本操作的实现,并能根据应用问题的需要选择合适的数据结构,灵活运用队列特性,综合运用程序设计、算法分析等知识解决实际问题;

2.掌握循环顺序队列存储方式的类型定义,掌握循环顺序队列的基本运算的实现。

6.2　项目要求

航空客运订票的业务活动包括查询航线、客票预订和办理退票等。设计一个航空客运订票系统,使上述业务可以借助计算机来完成。

(1)每条航线所涉及的信息有终点站名、航班号、飞机号、飞行周(星期几乘员定额)、余票量、已订票的客户名单(包括姓名、订票量、舱位等级以及等候替补的客户名单。

(2)系统能实现的操作和功能如下:

①录入:可以录入航班情况,全部数据可以只放在内存中,最好存储在文件中。

②查询航线:根据旅客提出的终点站名输出航班号、飞机号、星期几飞行、最近一天航班的日期和余票量等信息。

③承办订票业务:根据客户提出的要求(航班号、订票数额)查询该航班票量情况,若尚有余票,则为客户办理订票手续,输出座位号;若已满员或余票量少,则须重新询问客户要求。若需要,可登记排队候补。

④承办退票业务:根据客户提供的情况(日期、航班),为客户办理退票手续,然后查询该航班是否有人排队候补,首先询问排在第一的客户,若所退票额能满足客户的要求,则为客户办理订票手续,否则依次询问其他排队候补的客户。

两种客户(已订票客户和预约客户)名单可分别由线性表和队列实现。为查找方便,已订票客户的线性表应按客户姓名有序,并且为插入和删除方便,应以链表作为存储结构。由于预约人数无法预计,队列也应以链表作为存储结构。整个系统须汇总各条航线的情况登录在一张线性表上,由于航线基本不变,可采用顺序存储结构,可以按航班有序或按终点站名有序。每条航线是这张表上的一个记录,包含上述8个域,其中乘员名单域为指向乘员名单链表的头指针,等候替补的客户名单域为分别指向队头和队尾的指针。

(3)选做内容

当客户订票要求不能满足时,系统可向客户提供到达同目的地的其他航线,增加系统的功能和其他服务项目。

项目 7　经典问题一题多解

7.1　实验目的

1.掌握贪心算法、动态规划算法、回溯算法和分治算法等；

2.综合运用程序设计、算法设计与分析等知识解决实际问题。

7.2　项目要求

1.运用枚举法、分治法、动态规划、递推算法求解最大子段和问题；

2.运用枚举法、贪心算法、有限界条件的递归回溯、有限界条件的非递归回溯、先进先出分支限界算法、优先队列分支限界算法、动态规划算法求解 0/1 背包问题；

3.运用贪心算法、动态规划算法、回溯算法、分支限界算法求解 TSP 问题、作业调度问题等。

参考文献

[1] 陈叶芳. 程序设计 C 实验指导：以在线评判系统（NBU OJ）为平台[M]. 清华大学出版社，2012.

[2] 谭浩强. c 语言程序设计(第五版)[M]. 清华大学出版社，2019.

[3] 明日科技. C 语言开发入门及项目实战[M]. 清华大学出版社，2012.

[4] 陈利，宁滔. C 语言程序设计实验实训[M]. 西安电子科技大学出版社，2016.

[5] 布莱恩. 程序设计实践英文版[M]. 人民邮电出版社，2016.

[6] 张先伟、马新娟、张立红、王云、田爱奎. 程序设计基础（C 语言）[M]. 清华大学出版社，2016.

[7] 徐洪智. C 语言项目开发实践[M]. 中南大学出版社，2015.

[8] 邓文华. 数据结构实验与实训教程. 第 4 版[M]. 清华大学出版社，2014.

[9] 吴永辉，王建德. 数据结构编程实验[M]. 机械工业出版社，2012.

[10] 王晓东. 算法设计与实验题解[M]. 电子工业出版社，2006.

[11] 唐宁九. 数据结构与算法（C＋＋版）实验和课程设计教程[M]. 清华大学出版社，2008.

[12] 李清勇. 算法设计与问题求解－－编程实践[M]. 电子工业出版社，2013.

附 录：

××××学院

数据结构与算法项目设计报告

题目：_____

作　　者 _____　届　　别　__20××届__

院　　别 _____　专　　业　__计算机科学与技术__

学　　号 _____　指导教师 _____

完成时间　__20××年×月×日__

一、封面

二、目录

三、设计任务书

四、本组课题及本人任务

五、问题分析与算法选择分析（详细论证）

六、程序功能分析

七、主体内容（简要说明总体情况，详细介绍本人任务部分）

1.设计分析

2.程序结构（画流程图）

3.各模块的功能及程序说明

4.源程序

5.操作方法（流程）

6.试验结果（包括输入数据和输出结果，算法对比、扩展等）

7.设计体会